21世纪高职高专艺术设计规划教材

景观设计

刘雅培　任鸿飞　编　著

清华大学出版社

北　京

内 容 简 介

本书共分 4 章,分别为景观概述、景观设计基础、景观设计的基本方法与程序、居住区环境景观设计。本书从介绍景观相关概念、历史发展到设计基础,以图文并茂的形式详细阐述了基础设计的要素,进而结合景观设计的基本方法与程序,分别介绍了庭院、屋顶花园、露台及小区环境景观设计,从而提高学生设计方案及文字表达的能力。

本书内容丰富,理论结合图例进行讲解,剖析细致,条理清晰,语言朴实。适用于高职高专及各高等院校艺术设计类专业学生使用,同时还可以作为景观爱好者的自学辅导用书。

图书在版编目(CIP)数据

景观设计/刘雅培,任鸿飞编著.--北京:清华大学出版社,2013
21 世纪高职高专艺术设计规划教材
ISBN 978-7-302-32858-2

Ⅰ. ①景… Ⅱ. ①刘… ②任… Ⅲ. ①景观设计 Ⅳ. ①TU986.2

中国版本图书馆 CIP 数据核字(2013)第 136565 号

责任编辑:张龙卿
封面设计:徐日强
责任校对:袁 芳
责任印制:沈 露

出版发行:清华大学出版社
　　　　网　　　址:http://www.tup.com.cn,http://www.wqbook.com
　　　　地　　　址:北京清华大学学研大厦 A 座　　　　邮　　编:100084
　　　　社 总 机:010-62770175　　　　　　　　　　邮　　购:010-62786544
　　　　投稿与读者服务:010-62776969,c-service@tup.tsinghua.edu.cn
　　　　质 量 反 馈:010-62772015,zhiliang@tup.tsinghua.edu.cn
　　　　课 件 下 载:http://www.tup.com.cn,010-62795764
印 装 者:北京亿浓世纪彩色印刷有限公司
经　　销:全国新华书店
开　　本:210mm×285mm　　　印　张:8.25　　　字　数:238 千字
版　　次:2013 年 9 月第 1 版　　　　　　　印　次:2013 年 9 月第 1 次印刷
印　　数:1~3000
定　　价:47.00 元

产品编号:054796-01

前　言

目前,我国的高等职业教育在推动社会进步与发展、技术创新和劳动力素质提升等方面发挥了巨大作用。在国家的支持下,高等职业教育获得了很大的发展,并积累了很多经验。但大多仍以理论教学为主,教学内容、教学方法与市场人才需求脱节,学生们的学习热情不高,缺乏发现问题与解决问题的能力。因此,构建出符合我国高职艺术教育规律的全新教学体系,以职业能力培养为核心,注重创新能力的培养,强化实际操作技能的训练是本书开发的重点。

“景观设计”是环境艺术设计专业十分重要的专业技能基础课,其直接涉及项目的方案设计、扩初设计、施工图设计等。本书是根据作者多年来教学实践和设计实践的经验编写而成。理论教学以“够用”为度,教材内容丰富,由浅入深、结构清晰、安排合理,并配有大量精选的典型案例、图例和练习。学生学习后能快速运用景观设计的方法,大大提高方案设计能力、交流沟通能力,增强创新意识和加强艺术修养,从而达到具备实际工程技术的要求,真正做到学以致用,为将来迅速适应工作岗位打下坚实的基础。

本书共分四章,第一章为景观概述,主要介绍了景观设计的相关概念、景观的发展史、现代景观设计的产生和发展。第二章为景观设计基础,主要介绍了景观生态学基础、行为地理学、景观设计要素等,具体包括:地形地貌、植被设计、地面铺装、水体设计、景观小品、案例展示。第三章介绍了景观设计的基本方法与程序,主要介绍了景观设计的原则与手法、景观设计的基本程序。第四章为居住区环境景观设计,主要以实训项目为课题进行介绍,包括庭院、屋顶花园及露台、小区环境景观设计,从中能够学习到住宅基地的组成、设计要求与原则、设计过程、设计风格等知识。教师可依据本书并围绕专业核心职业技能的形成,合理地安排理论课和实践课。

本书特点:立足于高职艺术设计专业教学实际,力求最大限度地提高学习者的理论水平与实践能力。其一,内容全面系统。覆盖了景观艺术设计专业所涉及的主体内容。其二,实用性强。在立足于高职教育、景观设计实践的基础上,将理论的知识点应用于绘制图例并进行讲解,同时配有练习题与实训项目,符合目前市场的需求。其三,可操作性强。理论编写上力求突出主干与重点,以图例阐释理论,叙述平实,通俗易懂,在设计项目方案时,将理论与现实中的设计方案结合作为教学案例,增强了实训指导教学的可操作性,从而提高学生的动手能力。

本书可作为高等职业院校环境艺术设计专业、景观设计专业的教材,也可作为各类从事相关专业的技术人员参考使用。

本书由福州软件职业技术学院数字媒体设计系专业教师刘雅培、任鸿飞编写,在编写过程中参考了国内外的一些优秀作品、方案,在此对相关作者表示衷心的感谢。

由于编者水平有限,书中如有不足之处,敬请广大读者和业内外人士提出宝贵意见和建议,以便进一步改正与完善!

编　者

2013 年 4 月

目 录

第四章 居住区环境景观设计

附录

参考文献

第一章
景 观 概 述

课程内容：景观设计的相关概念、景观的发展史、现代景观设计概念的产生。

学习目标：了解和掌握景观设计的相关基本概念，明确景观设计研究与实践的对象与范围；了解景观设计与理论的发展史，了解人类的景观活动与自然环境、文化及社会发展的关系。

建议学时：4课时。

第一节　景观设计的相关概念

"景观"（landscape）一词最早出现在希伯来文本的《圣经》中，用于对圣城耶路撒冷整体美景的描述，（见图1-1）。

⊕ 图　1-1

无论是东方文化还是西方文化，"景观"最早的含义更多地具有视觉美学方面的意义，与"风景"同义或近义。

现代景观的概念有广义和狭义之分。广义的景观是指土地及土地上的空间和物质所构成的综合体，它是复杂的自然过程和人类活动在大地上的烙印。狭义的景观设计是指场地设计和户外空间设计，这是景观设计的基础和核心，主要以地形、植被、水体、建筑及构筑物，以及公共艺术品等作为主要设计对象。

总体而言，景观设计是指在特定区域内，将建筑、雕塑、绿化、公共设施等诸多要素进行综合布局、以塑造建筑物外部环境空间为主要内容的艺术设计，通俗的解释便是创造优美的环境。这是一个综合性和边缘性很强的环境系统设计，即在这环境中布形、造物、置景，完成对被遗漏的边缘空间环境的整体设计。

1．与景观设计相关的其他概念

景观设计学（Landscape Architecture）：是关于景观的分析、规划布局、改造、设计、管理、保护和恢复的科学和艺术。加拿大景观设计师协会将其定义为是一门关于土地利用和管理的专业。

景观设计师（Landscape Architect）：景观设计师是以景观设计为职业的专业人员。它是大工业、城市化和社会化背景下的产物。景观设计师工作的对象是土地综合体，面临的问题是土地、人类、城市和土地上的一切生命的安全与健康以及可持续发展的问题。

2．景观设计学与相关学科的关系

景观设计学的产生和发展有着相当深厚和宽广的文化底蕴，如设计时应用了哲学中人们对人与自然之间关系（或人、地关系）的认识；在艺术和技能方面的发展，一定程度上还得益于美术（绘画）、建筑、城市规划、园艺以及近年来兴起的环境设计等相关专业。但美术（绘画）、建筑、城市规划、园艺等专业产生和发展的历史比较早，尤其在早期，建筑与美术是融合在一起的。城市规划专业也是在不断的发展中才和建筑专业逐渐分开的，尽管在国内这种分工体现得还不是十分明显。因此，谈到景观设计学的产生，首先有必要理清它和其他相近专业之间的关系，或者说其他专业所解决的问题和景观设计所解决的问题之间的区别，这样才可能阐述清楚景观设计专业产生的背景。

第二节　景观的发展史

"文明人类先建美宅，后建营园，可见造园艺术比建筑更高一筹。"景观设计专业在国外设置得比较早，因此我们论述其历史，将先从国外的发展情况谈起。

一、史前环境景观

1．岩画

岩画（见图1-2）是一种石刻文化，在人类社会早期发展进程中，人类祖先以石器作为工具，用粗犷、古朴、自然的方法——石刻，来描绘、记录他们的生产方式和生活内容，它是人类社会的早期文化现象。从图中看，不得不惊叹它们是多么自然的景观艺术。

图　1-2

2．英国巨石阵

巨石阵坐落在距离英国伦敦 100 多公里的西南部的索尔兹伯里平原上（见图 1-3）。平原中巨石阵的排列，可能是远古人类为观测天象而安置的，推动了考古天文学的发展。巨石阵又称索尔兹伯里石环、环状列石、太阳神庙、史前石桌、斯通亨治石栏、斯托肯立石圈等，是欧洲著名的史前时代文化神庙遗址，巨石阵的建造年代距今已经有 4300 年，即建于公元前 2300 年左右。巨石阵占地大约 11 公顷，其主体结构是由许多整块的蓝砂岩组成的，每块约重 50 吨。这些石柱排成圆形，最高的石柱高达 10m，不少横架在两根竖直的石柱上。

图 1-3

二、东、西方景观的发展

（一）古埃及园林景观

世界上最早的园林可以追溯到公元前 16 世纪的埃及，古埃及人也把几何的概念用于园林设计，水池和水渠的形状方整规则，房屋和树木都按几何形状加以安排，这是世界上最早的规整式园林设计（见图 1-4）。从古代墓画中可以看到祭司大臣的宅园采取方直的规划，有规则的水槽和整齐的栽植。西亚较早期出现的"亚述确猎苑"，后来演变成游乐的林园。

（二）古巴比伦空中花园

空中花园，是古代世界七大奇迹之一，又称悬园。在公元前 6 世纪由新巴比伦王国的尼布甲尼撒二世（Nebuchadnezzar）在巴比伦城为其患思乡病的王妃安美依迪丝（Amyitis）修建的，现已消失。空中花园据说周长有 500 多米，采用立体造园方法，建于高高的平台上，平台由 25m 高的柱子支撑，假山用石柱和石板一层层向上堆砌，直插云霄。假山共分上、中、下三层，每层都用大石柱支撑，层层盖有殿阁。为防止渗水，每层都铺上浸透柏油的柳条垫，垫上再铺两层砖，还浇注一层铅，然后在上面覆盖上肥沃的土壤，种植了许多来自异域他乡的奇花异草，并设有灌溉的水源和水管，奴隶不停地推动联系着齿轮的把手抽水浇灌。园中种植各种花草树木，远看犹如花园悬在半空中。（见图 1-5）

（三）雅典卫城

雅典卫城（Akropoli），是希腊最杰出的古建筑群，是综合型的公共建筑，为宗教政治的中心地。面积约有 4000 平方米，始建于公元前 580 年。卫城建在一个陡峭的山冈上（见图 1-6），仅西面有一通道盘旋而上。建筑物分布在山顶上约 280m×130m 的天然平台上。卫城的中心是雅典城的保护神雅典娜的铜像，主要建筑是膜拜雅典娜的帕特农神庙（见图 1-7），其位于卫城最高点，体量最大，造型庄重，无论是身处其间或是从城下仰望，都可看到较完整且丰富的建筑艺术形象。其他建筑群布局自由，则处于陪衬地位。卫城南坡是平民的活动中心，有露天剧场（见图 1-8）和长廊。

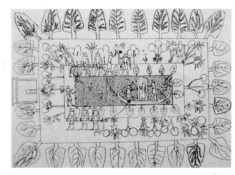

↑ 图 1-4

↑ 图 1-5

↑ 图 1-6

↑ 图 1-7 　　　　　　　　　　　　　　　　↑ 图 1-8

　　卫城在西方建筑史中被誉为群体组合建筑艺术中的一个极为成功的实例,特别是在巧妙地利用地形方面更为杰出。2500多年以来,这座白色石灰石所建的神殿,在蓝天艳阳交互辉映下,展露出庄严而绮丽的风姿,山上可饱览雅典市内新旧建筑交杂的景色,别有一番风味。

(四)罗马别墅花园

　　罗马继承古希腊的传统而着重发展了别墅园(Villa Garden)和宅园这两类,别墅园的修建在郊外和城内的丘陵地带,包括居住房屋、水渠、水池、草地和树林。当时的一位官员和作家(Pliny)对此曾有过生动的描写:"别墅园林之所以怡人心神,在于那些爬满常春藤的柱廊和人工栽植的树丛;水渠两岸缀以花坛,上下交相辉映,确实美不胜收。还有柔媚的林荫道、敞露在阳光下的洁池、华丽的客厅、精制的餐室和卧室 …… 这些都为人们在中午和晚上提供了愉快安谧的场所。"

罗马时期的庞贝（Pompei）古城内保存着许多宅园遗址（见图 1-9），一般均为四合庭院的形式，一面是正厅，其余三面环以游廊，在游廊的墙壁上画上树木、喷泉、花鸟以及远景等壁画，造成一种扩大空间的感觉（见图 1-10）。古希腊从波斯学到西亚的造园艺术，发展成为住宅内布局规则方整的柱廊园。古罗马继承希腊庭园艺术和亚述林园的布局特点，后逐渐发展成为山庄园林。

⊕ 图　1-9

⊕ 图　1-10

（五）泰姬陵、波斯庭院

公元 14 世纪是伊斯兰园林的鼎盛时期。此后，在东方演变为两种形式：一种是以水渠、草地、树林、花坛和花池为主体而成对称的布置，建筑居于次要的地位。另一种则突出建筑的形象，中央为殿堂，围墙的四周有角楼，所有的水池、水渠、花木和道路均按几何对称的关系来安排。著名的泰姬陵即属后者的代表，其于 1632 年开始修建，历时 22 年。泰姬陵（见图 1-11）整个陵园是一个长方形，长 576m，宽 293m，总面积为 17 万平方米。它由殿堂、钟楼、尖塔、水池等构成，全部用纯白色大理石建筑，用玻璃、玛瑙镶嵌，有极高的艺术价值，是伊斯兰教建筑中的代表作。

⊕ 图　1-11

巴比伦、波斯气候干旱,重视水的利用。波斯庭园的布局多以位于十字形道路交叉点上的水池为中心,这一手法被阿拉伯人继承下来,成为伊斯兰园林(见图1-12)的传统,后来流传到北非、西班牙、印度。传入意大利后,演变成各种水法,成为欧洲园林的重要内容。

(六) 意大利台地园

意大利台地园发展于文艺复兴时期,意大利的佛罗伦萨、罗马、威尼斯等地相继建造了许多别墅园林,如图1-13所示。以别墅为主体,利用意大利的丘陵地形,开辟成整齐的台地,逐层栽种灌木,并把它修剪成图案形的植坛,顺山势运用各种水法,如流泉、瀑布、喷泉等,外围是树木茂密的林园。这种园林通称为意大利台地园,其特点是呈现为台阶式,直线几何图形造型运用较多。水景有水池、喷泉、壁泉、跌水、雕塑(多是人物雕塑),两条轴线交叉处往往会建景观点(水池、花坛、雕塑等)。

⊕ 图　1-12

⊕ 图　1-13

(七) 法国凡尔赛宫

法国继承和发展了意大利的造园艺术。17世纪下半叶,法国造园家勒诺特尔提出要"强迫自然接受匀称的法则"。他主持设计凡尔赛宫苑,根据法国这一地区地势干燥平坦的特点,开辟大片草坪、花坛、河渠,创造了宏伟华丽的园林风格,被称为勒诺特尔风格,后来被各国竞相仿效。(见图1-14)

法国凡尔赛宫园林特色:庞大恢宏的宫苑以东西为轴,南北对称,宫殿顶部摒弃了法国传统的尖顶建筑风格而采用了平顶形式,显得端庄而雄浑。正宫前面是一座风格独特的"法兰西式"的大花园,园内树木花草别具匠心,使人看后顿觉美不胜收;宫前广场有两个巨型喷水池,沿池伫立着100尊女神铜像(见图1-15)。中轴线上建有雕像、喷泉、草坪、花坛等。中轴线两侧分布着大小建筑、树林、草坪、花坛和雕塑。凡尔赛宫雄伟奇丽,布局和谐,它与中国古典和皇家园林有着截然不同的风格。它完全是人工雕琢的,极其讲究对称和几何图形化(见图1-16)。

(八) 英国园林——自然风景画

公元18世纪初期是英国风景式园林的盛行期,英伦三岛多起伏的丘陵,当时由于毛纺工业的发展而开辟了许多牧羊的草场,如茵的草地、森林、树丛与丘陵地貌相结合,构成了英国天然风致的特殊景观。这种优美的自然景观促进了风景画和田园诗的兴盛。而风景画和浪漫派诗人对大自然的纵情讴歌又使得英国人对天然之美产生了深厚的感情。这种思潮当然会波及园林艺术,于是封闭的"城堡园林"和规整严谨的"靳诺特式"园林逐渐被人们所厌弃而促使他们去探索另一种近乎自然、返璞归真的新的园林风格——风景式园林。在这种浪漫主义运动思潮影响下,英国开始欣赏纯自然之美,重新恢复传统的草地、树丛,于是产生了自然风景园(见图1-17)。

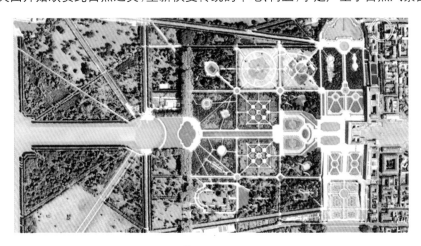

↑ 图　1-14

↑ 图　1-15

↑ 图　1-16

图 1-17

　　英国申斯诵的《造园艺术断想》，首次使用"风景造园学"一词，倡导营建自然风景园。初期的自然风景园创作者中较著名的有布里奇曼、肯特、布朗等，但当时对自然美的特点还缺乏完整的认识。在大片草地中种植孤树或树丛、树群成为一景。对道路、湖岸、林缘均采用自然圆滑曲线，小路多不铺装，对人工痕迹和园林景墙均以自然景物作隐蔽处理，从建筑到自然风景采用过渡手段，植物采用自然式种植，种类多以花卉为主题，园中有自然的水塘。风景式园林在突出自然景观方面比规整式园林有其独特的成就。（见图1-18）

图 1-18

（九）中国的山水园林

　　中国古代神话中把西王母住的"瑶池"和黄帝所居住的"悬圃"都描绘成景色优美的花园。青山碧水绕家园，这就是人类梦寐以求的理想生活环境。中国园林有着三千年的历史，从殷商时代开始，各个时代都有各自的特色。

1．商周的"囿"——园林的雏形 [萌芽期]

　　园林最初的形式为"囿"。"囿"就是在一定的地域限定范围，让天然的草木和鸟兽滋生繁育，还挖池筑台，供帝王贵族们狩猎和游乐。"囿"是园林的雏形,除部分人工建造外,大片的还是朴素的天然景色。

2.秦汉时的宫苑和私家园林[形成期]

秦汉建筑宫苑和私家园林有一个共同的特点,即有了大量建筑与山水相结合的布局,这也是我国园林的突出特点。历史上有名的宫苑有:"上林苑"、"阿房宫(见图1-19)"、"长乐宫"、"未央宫"(见图1-20)、"建章宫"等。这一时期,寺院园林也极兴盛。

⊕ 图 1-19

⊕ 图 1-20

"一池三山"是中国一种园林模式,源于中国的道家思想,据说是汉武帝在长安建造建章宫时,在宫中开挖太液池,在池中堆筑三座小岛,并取名为"蓬莱"、"方丈"、"瀛洲",以模仿仙境。此后这种布局成为帝王营建宫苑时常用的布局方式。这种布局可以丰富湖面层次,打破人们单调的视线,所以逐渐成为经典,为历代山水园林所用,至今传承了2000余年。(见图1-21)

3.隋、唐、宋宫苑与唐、宋写意山水园[成熟期]

隋、唐是我国封建社会中期的全盛时期,宫苑园林在这时有很大的发展。由于南、北方的园林设计得到相互交流,北方的宫苑也向南方的自然山水园演变,成为山水建筑宫苑。这个时期有很多著名的宫苑,唐朝的华清宫(见图1-22)。

唐宋时期山水诗、山水画很流行,主要集中在长安、洛阳,这必然影响到园林创作,诗情画意写入园林,以景入画,以画设景,形成了"唐宋写意山水园"的特色。由于建园条件不同,可以分为以自然风景加以规划布置的自然风景园和城市建造的城市园林。唐宋写意山水园开创了我国园林的一代新风,它效法自然、高于自然、寓意于景、情景交融,富有诗情画意,为明清园林,特别是江南私家园林所继承发展,成为我国园林的重要特点之一。

北宋园林多集中于东京汴梁和西安洛阳两地(见图1-23)。南宋政治中心南移,临安是南宋的都城,西湖及其周围兴建园林之多不可胜数,其中皇家苑囿不下十处,其余则分属寺庙园林和权贵者的私园。

⊕ 图 1-21　　　　　　　　　⊕ 图 1-22

⊕ 图 1-23

4.明清宫苑和江南私家园林 [高峰期]

明代宫苑园林建造不多,风格较自然朴素,继承了北宋山水宫苑的传统,主要集中在北京、南京、苏州一带。当时苏州由于农业、手工业十分发达,许多官僚、地主均在此建造私家宅园,一时形成一个造园的高潮。现存的许多园林如拙政园、留园、艺园等,最初都是在这个时期建造的。

清代宫苑园林一般建筑数量多、尺度大,装饰豪华、庄严,园中布局多园中有园,即使有山有水,仍注重园林建筑的控制和主体作用。不少园林造景模仿江南山水,吸取江南园林的特色,被称为建筑山水宫苑。清代园林的一个重要特点是集各地园林胜景于一园,采用集锦式的布局方法把全园划分成为若干景区,每一风景都有其独特的主题、意境和情趣。代表作有北京的颐和园(见图1-24)、圆明园(见图1-25和图1-26)和承德避暑山庄烟雨楼(见图1-27)。避暑山庄有康熙三十六景和乾隆三十六景,金山亭模仿镇江金山寺,烟雨楼模仿嘉兴烟雨楼,文园狮子林模仿苏州狮子林等。

✦ 图　1-24

✦ 图　1-25

✦ 图　1-26

✦ 图　1-27

　　明清时的私园多集中于扬州、苏州、吴兴、杭州等城市以及珠江三角洲一带。明清私家园林在前代的基础上有很大的发展。较有名的江南园林分布在苏州(有拙政园、留园、狮子林、沧浪亭、网师园等)(见图1-28)、无锡(有寄畅园等)、扬州(有个园、何园等)、上海(有豫园、内园等)、南京(有瞻园等)、常熟(有燕园等)、南翔(有古漪园)、嘉定(有秋霞圃)、杭州(有皋园、红栎山庄等)、嘉兴(有烟雨楼)、吴兴(有潜园)等。

　　纵观千年历史中国古典园林艺术特色,可总结为以下几点。

　　崇尚自然,寄情山水。

　　巧于因借,精在体宜。

　　虚实相生,小中见大。

　　花木寄情,和谐生境。

　　状物比兴,讲究意境。

苏州园林内景之一

苏州园林内景之二

苏州园林内景之三

✿ 图　1-28

（十）日本的"枯山水"园林

日本古典园林立足于自身的人文环境和地理条件，并在与中国紧密地文化交流过程中，共同创造了世界上独特的自然风景式东方造园体系，日本园林的本质为池泉式，以池拟海，以石拟矶岛。日本园林与中国园林的文人园不同，多为武士园。由于佛教在日本的广泛传播，因此寺庙园林的规模也较中国大得多。

京都龙安寺南庭是日本"枯山水"的代表作。这个平庭长28m，宽12m，一面临厅堂，其余三面围以土墙。庭园地面上全部铺白沙，除了15块石头以外，再没有任何树木花草。用白沙象征水面，以15块石头的组合、比例、向背的安排来体现岛屿山峦，于咫尺之地幻化出千山万壑的气势。这种庭园纯属观赏的造型，游人不能在里面活动。（见图1-29）

枯山水景观很讲究置石，主要是利用单块石头本身的造型和它们之间的配列关系。石形务求稳重，底广预削，不作飞梁、悬桃等奇构，也很少堆叠成山，这与我国的叠石很不一样。枯山水庭园内一般栽植不太高大的观赏树木，都十分注意修剪树的外形姿势，使之不失其自然生态。（见图1-30）

⬆ 图 1-29

⬆ 图 1-30

第三节 现代景观设计的产生

一、景观设计的产生

景观设计的产生是建筑学、城市规划学、风景园林学等学科发展、融合和进一步分工的结果。

景观概念作为土地及土地上的空间和物质所构成的综合体,它是复杂的自然过程和人类活动在大地上的烙印。基于以上的概念理解,从原始人类的为了生存的实践活动,到农业社会、工业社会所有的更高层次的设计活动,在地球上形成了不同地域、不同风格的景观格局。如俞孔坚先生在《从选择满意景观到设计整体人类生态系统》中列出的农业社会的栽培和驯养生态景观,水利工程景观,村落和城镇景观,防护系统景观,交通系统景观;工业社会的工业景观,以及其带来或衍生的各种景观。

在这里景观是一种客观现象或客观状态,其本身并无好坏之分。景观的价值和审美的功能还没有被人们充分认识。因此,现代意义上的景观设计还没有真正产生。工业化社会之后,工业革命虽然给人类带来了巨大的社会进步,但由于人们认识的局限,同时也将原有的自然景观分割得支离破碎,完全没有考虑生态环境的承受能力,也没有可持续发展的指导思想。这直接导致了生态环境的破坏和人们生活质量的下降,以至于人们开始逃离城市,寻求更好的生活环境和生活空间。景观的价值逐渐开始被人们认识和提出。有意识的景观设计才开始酝酿。或者可从另外的角度理解,景观设计的发展在不同的时期有一条主线:在工业化之前人们为了追求欣赏娱乐的景观造园活动,如国内外的各种园、圃,在这样的思路之下,产生了国内外的园林学、造园学等;工业化带来的环境问题强化了景观设计的活动,从一定程度上改变了景观设计的主题,由娱乐欣赏,转变为追求更好的生活环境,由此开始形成现代意义上的景观设计,即解决土地综合体的复杂问题,解决土地、人类、城市和土地上的一切生命的安全与健康以及可持续发展的问题。本节中论述的现代景观设计是在大工业化、城市化背景下兴起的景观设计。

景观设计产生的历史背景可以归结为以下几个方面:工业化带来的环境污染;与工业化相随的城市化带来的城市拥挤,聚居环境质量恶化。基于工业化带来的种种问题,一些有识之士开始对城市,对工业化进行质疑和反思,并寻求解决的办法。

二、代表人物

(一) 刘易斯 · 福芒德

在其《城市发展史》中描述 19 世纪欧洲的城市面貌及城市中的问题："一个街区挨着一个街区,排列得一模一样,单调而沉闷;胡同里阴沉沉的,到处是垃圾;没有供孩子游戏的场地和公园;当地的居住区也没有各自的特色和内聚力。窗户通常是很窄的,光照明显不足……比这更为严重的是城市的卫生状况极为糟糕,缺乏阳光,缺乏清洁的水,缺乏没有污染的空气,缺乏多样的食物。" 刘易斯·福芒德开始关注并寻求解决这些问题的途径。

奥地利城市规划师米罗·西特强调城市公园可以对城市的健康卫生起到作用。

(二) 霍华德

霍华德在其《明日的花园城市》一书中认为:城市的生长应该是有机的,一开始就应对人口、居住密度、城市面积等加以限制,配置足够的公园和私人园地,城市周围有一圈永久的农田绿地,形成城市和郊区的永久结合,使城市如同一个有机体一样,能够协调、平衡、独立自主地发展。

在人们对城市问题提出各种的解决途径和办法后,大体一致认同的观点是,在城市中布置一定面积和形式的绿地。如城市总体规划中,城市绿地是城市用地的十大类之一。城市绿地的形式可以采取多种形式:公园、街头绿地、生产绿地、防护林、城市广场绿地等。城市绿地可以改善城市环境质量,净化大气,美化环境;同时又是景观设计的基本内容和重要的造景元素。

有了以上大致的共同观点,景观设计开始得到广泛应用,包括英国改善工人居住环境,美国的城市美化运动,当前中国的"城市美化运动"。这个过程有褒有贬。总之,景观设计已经"粉墨登场",在对我们的生活产生影响。

(三) 弗雷德里克 · 劳 · 奥姆斯特德 (Frederick Law Olmsted) (1822—1903 年)

他是景观设计师、作家、自然资源保护论者,美国景观设计之父。(见图 1-31)

奥姆斯特德 15 岁时因漆树中毒而视力受损,无法进入耶鲁大学学习,此后 20 年中,他广泛游历,访问了许多公园和私人庄园。他学习了测量学和工程学、化学等,并成为一名作家和记者。由于奥姆斯特德在文学界的重要影响,他在 1857 年秋天获得纽约市中央公园主管职位。在他 30 多年的景观规划设计实践中,设计了布鲁克林的希望公园,芝加哥的滨河绿地及世界博览会等。他是美国景观设计师协会的创始人和美国景观设计专业的创始人。因此,奥姆斯特德被誉为"美国景观设计之父"。

1. 奥姆斯特德的主要设计观点

(1) 主张充满"人性"的设计。

(2) 用理论影响美国景观行业的发展。

(3) 用行动促进美国景观教育的进步。

⊕ 图 1-31

2. 奥姆斯特德的设计风格

(1) 创造了景观通道,使游人能够融入其中,享受到景观的陶冶。

(2) 总是追求超越现实的品位和风尚,他的设计基于人类心理学的基本原则之上。

（3）他提炼并升华了英国早期自然主义景观理论家的分析以及他们对风景的"田园式"、"如画般"品质的强调。

（4）在陡峭、破碎的地形中采用"图画般的"风格,大量培植了各种各样的地表植被、灌木、葡萄树和攀缘植物,从而获得了一种丰富、广博而神秘的效果。

3．奥姆斯特德原则

（1）保护自然景观,某些情况下,自然景观需要加以恢复或进一步加以强调因地制宜,尊重现状。

（2）除了在非常有限的范围内,尽可能避免规则式（自然式规则）。

（3）保持公园中心区的草坪或草地。

（4）选用当地的乔、灌木。

（5）大路和小路的规划应形成流畅的弯曲线,所有的道路应形成循环系统。

（6）全园靠主要道路来划分不同的区域。

4．代表作品

代表作品一：纽约中央公园

纽约中央公园南起 59 街,北抵 110 街,东西两侧被著名的第五大道和中央公园西大道所围合,中央公园名副其实地坐落在纽约曼哈顿岛的中央。340 公顷的宏大面积使她与自由女神、帝国大厦等同为纽约乃至美国的象征。100 多年后的今天,纽约中央公园依然是普通公众休闲、集会的场所。同时,数十公顷遮天蔽日的茂盛林木,也成为城市孤岛中各种野生动物最后的栖息地。（见图 1-32、图 1-33）

⊕ 图 1-32

⊕ 图 1-33

代表作品二：斯坦福大学

有大草坪,两侧为人行步道,非常普通而简洁的设计,大气而优雅,斯坦福大学的校园是开放的,不仅仅是一座校园,也是一座大大的公园。园内信步,可见花红草绿,树木葱郁,古柏参天。校园内的建筑：红顶砂墙,拱门和回廊,大四合院式的布局,小巧的教堂……这一切组成一幅色彩相宜的风景画,漫步其中就是一种美的享受。（见图 1-34）

有人说："没有奥姆斯特德,美国就不会是现在的这个样子。"

奥姆斯特德为我们留下了丰富的景观规划的实践与理论心得,让我们这些设计后辈们在工作中能够借鉴和参考其宝贵思想。创造自然式的景观,做与自然和谐的规划,让我们生活的城市变成公园一般的风景区,这是我们一直致力于人类城市发展的最终理想。

↑ 图 1-34

三、景观设计学科的发展

现代景观设计学科的发展和其职业化进程,美国是走在最前列的。在全世界范围内,英国的景观设计专业发展也比较早。1932 年,英国第一个景观设计课程出现在莱丁大学(Reading University),相当多的大学于 20 世纪 50 ~ 70 年代分别设立了景观设计研究生项目。景观设计教育体系相对而言业已成熟,其中,相当一部分学院在国际上享有盛誉。

在美国,景观规划设计专业教育是由哈佛大学首创的。在某种意义上讲,哈佛大学的景观设计专业教育史代表了美国的景观设计学科的发展史。从 1860 年到 1900 年,奥姆斯特德等景观设计师们,在城市公园绿地、广场、校园、居住区及自然保护地等方面所做的规划设计,奠定了景观设计学科的基础,之后其活动领域又扩展到了主题公园和高速路系统的景观设计。

纵观国外的景观设计专业教育,非常重视多学科的结合,包括生态学、土壤学等自然科学,也包括人类文化学、行为心理学等人文科学,最重要的还必须学习空间设计的基本知识。景观设计的这种综合性进一步推进了学科的多元化发展。

因此,景观设计是大工业、城市化和社会化背景下产生的,是在现代科学与技术的基础上发展起来的。

本章课后作业:

1. 什么是景观设计?

2. 从东、西方景观发展的历史角度,谈谈它们之间的区别与特征。

3. 你认为现在的景观设计应注意哪些问题?你认为对自己目前所处的环境应怎样合理改造?

4. 你憧憬的未来人们居住的环境景观是什么样的?

第二章
景观设计基础

课程内容：景观生态学基础、行为地理学、景观设计要素。

学习目标：了解景观生态学基础、行为地理学及景观设计的各个要素；能将景观设计基础知识应用到方案设计中。

建议学时：12课时。

第一节　景观生态学基础

景观生态学（Landscape Ecology）是工业革命后一段时期内因人类聚居环境的生态问题日益突出，人们在追求解决途径的过程中产生的，其着重研究在一个相当大的区域内，由许多不同生态系统所组成的整体（即景观）的空间结构相互作用、协调发展及动态变化的一门生态学新分支。第二次世界大战后，工业化和城市化的迅速发展使城市不断扩大，生态环境系统遭到破坏。美国风景建筑师伊恩·伦诺克斯·麦克哈格（Lan Lennox Mcharg）作为景观设计的重要代言人，与一批城市规划师、景观建筑师一起开始关注人类的生存环境，并且在景观设计实践中开始了不懈的探索。他在1969年出版的《设计结合自然》一书中奠定了景观生态学的基础，建立了当时景观设计的准则，标志着景观规划设计专业勇敢地承担起后工业时代重大的人类整体生态环境设计的重任，使景观规划设计在奥姆斯特德奠定的基础上又大大扩展了活动空间。他反对以往土地和城市规划中功能分区的做法，强调土地利用规划应遵从自然固有的价值和自然过程，即土地的

适宜性。到目前为止，我们在景观设计中更应当重视的生态要素包括地形、植被、水环境、气候等几个方面。

1. 地形

我国幅员辽阔，有雄伟的高原、起伏的山岭、地势低平的平原、波状起伏的丘陵，还有四周群山环抱、中间低平的大小盆地等，如图2-1所示。多数人集中在适合生存居住的盆地与平原上。在人类选择居住的环境中，人们对地形的态度经过了顺应——改造——协调的变化过程。现在，人们已经开始在城市建设中关注对地形的研究，尽量减少对原有地貌的改变，并维护其原有的生态系统。在城市化进程迅速加快的今天，城市发展用地略显局促，在保证一定的耕地的条件下，条件较差的土地开始被征为城市建设用地。因此，在城市建设时，如何获得最大的社会、经济和生态效益是人们需要思考的问题。

☆ 图　2-1

2．植被

植被不但可以涵养水源，保持水土，还具有美化环境、调节气候、净化空气的功效，因此，植被是景观设计的重要设计素材之一。如图 2-2 所示，在城市总体规划中，城市绿地规划是重要的组成部分。通过对城市绿地的安排，即建立城市公园、居住区游园、街头绿地、街道绿地等，使城市绿地形成系统。城市规划中将绿地比例作为衡量城市景观状况的指标，一般有：城市公共绿地指标；城市绿化覆盖率等。此外，在具体的景观设计时，还应该考虑对树形、树种的选择，考虑速生树和慢生树的结合等因素。

👉 图　2-2

3．水环境

水是生物生存必不可少的物质。地球上的生物生存繁衍都离不开水。同时水资源又是一种能源，在城市中水又是景观设计的重要造景的素材。一座城市因山而显势，有水而生灵气，如图 2-3 所示。水在城市景观设计中具有重要的作用，同时还具有净化空气、调节局部小气候的功能。因此，在当今城市发展中，有河流、湖泊的城市都十分关注对滨水地区的开发、保护。临水土地的价值也一涨再涨。人们已经认识到水资源除了对城市的生命力有很好的支持以外，其在城市发展中也起到了重要的作用。目前，我国大部分城市中由于内河管理不当，生活在周边的居民没有重视环境保护，导致垃圾成堆或丢弃在河中，再加上工业废水污染水源等问题已经相当严重，从而使河流成了当今保护和改造的主要对象。

👉 图　2-3

针对水环境问题，美国景观设计学家西蒙兹提出了十个水资源管理原则，在此作为水景营造的借鉴原则。

（1）保护流域、湿地和所有河流水体的堤岸；

（2）将任何形式的污染减至最小，创建一个净化的计划；

（3）土地利用分配和发展容量应与合理的水源供应相适应，而不是反其道而行之；

（4）返回地下含水层的水质和量与水利用保持平衡；

（5）限制用水以保持当地淡水存量；

（6）通过自然排水通道引导地表径流，而不是通过人工修建的暴雨排水系统；

（7）利用生态方法设计湿地进行废水处理、消毒和补充地下水；

（8）地下水供应和分配的双重系统，使饮用水和灌溉及工业用水有不同税率；

（9）开拓、恢复和更新被滥用的土地和水域，达到自然、健康状态；

（10）致力于推动水的供给、利用、处理、循环和在补充技术的改进。

4．气候

一个地区的气候是由其所处的地理位置决定的，纬度越高，温度越低，反之则相反。但是，一个地区的气候往往是受很多因素综合作用的结果，如地形地貌、森林植被、水域、大气环流等。在城市就有

"城市热岛"的现象,而郊区就凉爽宜人。

在人类社会的发展中,人们有意识地会在居住地周围种植一定的植被,或者喜欢将住所选择在靠近水域的地方。人类进化的经验对学科的发展起到了促进作用。城市规划、建筑学、景观设计等领域都关注如何利用构筑物、植被、水体来改善局部小气候。具体的做法有以下几点。

(1) 对建筑形式、布局方式进行设计、安排;

(2) 对水体进行引进;

(3) 保护并尽可能扩大原有的绿地和植被面积;

(4) 对住所周围的植被包括树种、栽种位置的安排,做到四季花不同,一年绿常在。

总之,在景观设计时要充分运用生态学的思想,利用实际地形,降低造价费用,积极利用原有地貌创造良好的居住环境。

第二节　行为地理学

一个地方特有的地形地貌和与之俱来的居民的风土人情或性格之间有着一定的联系,如生活在草原的人豪爽、生活在黄土地的人憨厚纯朴,江南人的精明能干等。环境对人的性格的塑造在某种程度上起着一定的作用。因此,环境和人的行为、心理之间存在着一定的联系,其研究最早源于行为地理学。

1. 人类交往的空间距离

行为地理的研究成果被应用于许多领域,例如应用于城市规划等。1960 年前后,美国人类学家霍尔（E.T.Hall）对人类交往的空间距离问题进行了研究,由此提出了"近体学"或"人类空间统计学"的概念。霍尔认为在沟通时互动双方的空间由近及远可以分为亲密距离、个人距离、社交距离和公共距离。

(1) 亲密距离（0～45cm）:在此距离内,人们的身体可以充分亲近或直接接触。沟通更多地依赖触摸,而不是视觉和听觉。在正常情况下,该距离是高度私密的、非正式的,只有夫妻、情侣、父母与孩子以及知己密友才能进入。

(2) 个人距离（45～120cm）:这是非正式场合下,朋友和熟人之间进行交谈、聚会等保持的适当距离。身体接触很有限,主要用视觉、听觉沟通。陌生人也可以进入这个距离,不过沟通时保持的距离更靠近远端。

(3) 社交距离（1.2～3.6m）:该距离适宜于正式社交场合,沟通没有任何私人感情联系的色彩。人们在正式社交活动、外交会谈、处理公务时相互保持这种程度的距离进行沟通时,需要有更清楚的口头语言和充分的目光接触。

(4) 公共距离（3.6m 以上）:这是完全开放的空间,可以接纳一切人,适合于陌生人之间、演讲者与公众之间进行沟通。

环境空间会对人的行为、性格和心理产生一定的影响,同时人的行为也会对环境造成一定的影响,尤其是体现在城市居住区、城市广场、城市公园街道、工厂企业园区、城市商业中心等人工环境的设计和使用上。20 世纪 60 年代后期,这种理论开始对设计学起到指导作用。

下面举一个最简单的典型事例:抄近路。我们来分析对抄近路的处理方式。一般来讲,进入住宅小区,或者是去上班,大多数人都希望能尽快到达目的地,因为这毕竟与游览公园的心态不同,在到达目的地的前提下,人会本能地选择最近的道路。这是由人固有的行为决定的。

处理方法:按照传统的观点,对抄近路的处理方式是利用围墙、绿化、高差进行强行调整。这种处理方法,很明显地可以解决问题,但给人的感受是场地使用的不方便。因此,良好的处理方法是充分考虑人的行为习性,按照人的活动规律进行路线的设计。

这里给大家介绍一个例子来借鉴一下。有一公园绿地的线路设计,在主体建设完成后,剩下了部分草坪中的碎石铺路还没有完成。他们的做法是等冬天下雪后,观察人们留下最多的脚印痕迹来确定碎石的铺设线路。这既充分考虑了人的行为,又避免了不合理铺设路线造成的财力、物力的浪费。因此,在很多地方我们可以发现,树林或草坪中铺设了碎石或各种材质的人行道,但在其周围不远的地方常常有人们踩出来的脚印,这说明我们设计铺设的线路存在一定的不合理性。(见图2-4)

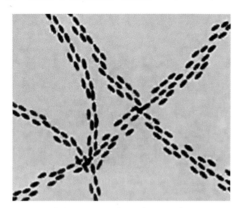

(a)下雪天观察到人的行为轨迹

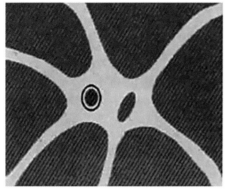

(b)受到欢迎的中心绿地

↑ 图 2-4

2．人类对聚居地和住所的需求

下面我们再来了解人类对聚居地和住所的需求有哪些。

(1)安全性

安全是人类生存的最基本的条件,包括对生活条件如土地、空气、水源、适当的气候和地形、周边设施的安全等因素的要求。这些条件的组合可以满足人类在生存方面的安全感。

(2)领域性

领域性可以理解为在保证有安全感的前提下,人类从生理和心理上对自己的活动范围要求有一定的领域感或领域的识别性。领域性确定后,人们才有安全感。在住宅区、建筑等具有场所感的地方,领域性体现为个人或家庭的私密或半私密空间,或者

是某个群体的半公共空间。一旦有领域外的因素入侵,领域感受到干扰,领域内的主体就会产生不适或戒备状态就会产生。领域性的营造可以通过植被的设计及运用来实现。

(3)通达性

现在,人们除了有安全舒适的住所外,一般来讲,会选择视线开阔,能够和大自然充分接触的场所。例如临水的住宅、靠山的度假山庄等,亲近自然是人类的本质。(见图2-5、图2-6)

↑ 图 2-5

↑ 图 2-6

(4)对环境的满意度

可以理解为周围的绿化、水体、交通、购物、休闲、教育环境等因素的综合满意程度。

了解人类的基本空间行为和对周围环境的基本需求,在景观设计时心里要有一个框架或一些原则来指导具体的设计思路和设计方案。因此,行为地

理学是景观设计过程中内在的原则之一,它虽然不直接指导具体的设计思路,但却是方案设计和最终确定的基础,否则设计方案就只是简单的构图,而不能很好地给使用者提供舒适的活动空间和场所。

第三节　景观设计要素

基于前两节学习了景观生态的基础和人类行为的规律之后,下面介绍一下景观设计素材的特点和基本知识。

景观设计的素材与内容包括地形地貌、植被、铺地、水体及景观小品。

一、地形地貌

地形地貌是景观设计最基本的场地和基础。地形地貌总体上分为山地和平原。进一步可以划分为盆地、丘陵,局部可以分为凹地、凸地等。在景观设计时,要充分利用原有的地形地貌,采纳生态学的观点,营造符合当地生态环境的自然景观,减少对环境的干扰和破坏。同时,可以减少土石方量的开挖,节约经济成本。因此,充分考虑应用地形特点,是安排布置好其他景观元素的基础。如图 2-7 ~ 图 2-9 所示,是在原有的地形上进行的景观设计,不但视觉效果好,并且增加了游人的娱乐性,还可起到健身的效果。

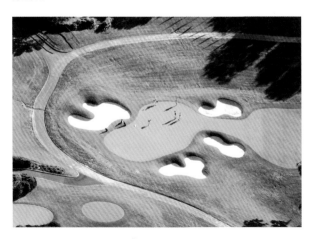

　图　2-7

　图　2-8

　图　2-9

二、植被设计

（一）植物功能分析

植被是景观设计的重要素材之一。景观设计中的素材包括草坪、灌木和各种大、小乔木等。巧妙合理地运用植被不仅可以成功营造出人们熟悉、喜欢的各种空间,还可以改善住户的局部气候环境,使住户和朋友邻里在舒适愉悦的环境里完成交谈、驻足聊天、照看小孩等活动。

植被的功能包括非视觉功能和视觉功能。非视觉功能指植被改善气候、保护物种的功能;植被的视觉功能指植被在审美上的功能,是否能使人感到心旷神怡。通过视觉功能可以实现空间分割,形成构筑物、景观装饰的功能。

罗宾奈特（Gary O. Robinette）在其著作《植物、人和环境品质》中将植被的功能分为四个方面:建造功能、工程功能、调节气候功能、美学功能。

（1）建造功能:界定空间、遮景,提供私密性空间和创造系列景观,如利用植物而构成的一些基本空间类型,包括开敞空间、半开敞空间、覆盖空间、完全封闭空间、垂直空间等,简而言之,即空间造型功能。

(2)工程功能:防止眩光,防止水土流失、噪音及交通视线诱导。

(3)调节气候功能:遮阴、防风、调节温度和影响雨水的汇流等。

(4)美学功能:强调主景、框景及美化其他设计元素,使其作为景观焦点或背景;另外,利用植被的色彩差别、质地等特点还可以形成小范围的特色,以提高住区的识别性,使住区更加人性化。(见图 2-10)

☆ 图　2-10

植物的美学功能最明显地体现在植物的色彩方面,植物色彩与植物其他视觉特点一样,可以相互配合运用,以达到设计的目的。如图 2-11 所示,花的鲜艳色彩会给人营造一种轻快、欢乐的气氛。

☆ 图　2-11

(二)植物的观赏特性

植物的观赏特性是非常重要的。这是因为任何一个赏景者的第一印象便是对其外貌的反应,在这里主要介绍植物类别的大小、树形、叶片特性。植物按类别大体分为乔木类、灌木类、地被类。

下面分别介绍这些类别的特征。

1. 植物的大小

植物最重要的观赏特性之一就是它的大小。因此,在设计中选择植物素材时,应首先对其大小进行推敲。因植物的大小直接影响着空间范围、结构关系以及设计的构思与布局,因此,在进行平面布局时就要对场地种植的植物进行合理的规划。下面将从植物的大小进行分析。

(1)大中型乔木

从大小以及景观中的结构和空间来看,最重要的植物便是大中型乔木。大乔木的高度在成熟期可以超过 12m,而中乔木最大高度可达 9 ~ 12m。这类植物因其高度和面积,而成为显著的观赏因素,如图 2-12 所示,它们的功能像一幢楼房的钢木框架,能构成室外环境的基本结构和骨架,从而使布局具有立体的轮廓。

大中型乔木作为结构因素,其重要性随着室外空间的扩大而越加突出。在空旷地或广场上举目而视,大乔木将首先进入眼帘。而较小的乔木和灌木,只有在近距离观察时,才会受到注意或被鉴赏。因此,在进行设计时,应首先确立大中乔木的位置,这是因为它们的配置将会对设计的整体结构和外观产生最大的影响。一旦较大乔木被定植以后,小乔木和灌木才能得以安排,以完善和增强大乔木形成的结构和空间特性。较矮小的植物就是在较大植物所构成的总体结构中,展现出其细腻的装饰特性。由于大乔木极易超出设计范围和压制其他较小的因素,因此在小的庭园设计中应慎重地使用大乔木。

（a）大乔木能在小花园空间中作主景树

（b）高大树木因其大小而在植物中占优势

① 图 2-12

大中乔木形成的空间感将随树冠的实际高度而产生不同程度的变化。如果树冠离地面 3 ~ 4.5m 高,空间就会显示出足够人情味;若离地面 12 ~ 15m,则空间就会显得高大,有时在成形的树林中便能体会到这种感觉。此外,树冠群集的高度和宽度是限制空间的边缘和范围的关键因素。

大中乔木在景观中还被用来提供阴凉。夏季时,当气温变得极炎热时,而那些室外空间和建筑物又直接受到阳光的暴晒,人们就会对阴凉处渴望之至。林荫处的气温将比空旷地低 4 ~ 5℃,同样,一幢薄型楼房当被遮蔽时,其室内温度会比室外温度低。为了达到最大的遮阴效果,大中乔木应种植在建筑空间或楼房建筑的西南、西面或西北面,如图 2-13 所示,由于炎热的午后,太阳的高度角在发生变化,在西南面

种植最高的乔木,与西北面种植高的乔木形成的遮阴效果是相同的。夏季对空调机的遮阴,还能提高空调机的效率。美国冷却研究所的研究表明,被遮阴的分离式空调机冷却房间,能节能 3%。

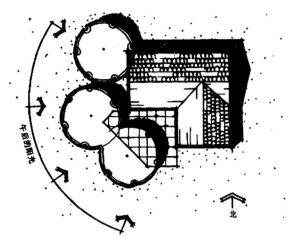

大型遮阴树种在建筑及户外空间的西南、西侧或西北侧,可阻挡下午火热的太阳

① 图 2-13

（2）小乔木

最大高度为 4.5 ~ 6m 的植物为小乔木。如同大中乔木一样,小乔木在景观中也具有许多潜在的功能。小乔木能从垂直面和顶平面两方面限制空间。视其树冠高度而定,小乔木的树干能在垂直面上暗示着空间边界。当其树冠低于视平线时,它将会在垂直面上完全封闭空间。当视线能透过树干和枝叶时,这些小乔木像前景的漏窗,使人们所见的空间有较大的深远感。顶平面上,小乔木树冠能形成室外空间的天花板,这样的空间常使人感到亲切。在有些情况中,小乔木的树冠极低,从而能防止人们的穿行。小乔木适合于受面积限制的小空间,或要求较精细的地方种植。（见图 2-14）

在植物配置中作为主景的观赏树

① 图 2-14

（3）高灌木

高灌木最大高度为 3～4.5m。与小乔木相比较，灌木不仅较矮小，而且最明显的是缺少树冠。一般说来，灌木叶丛几乎贴地而长，而小乔木则有一定距离，从而形成树冠或林荫。在景观中，高灌木犹如一堵堵围墙，能在垂直面上构成空间闭合。如图 2-15 所示，仅用高灌木所围合的空间，其四面封闭，顶部开敞。由于这种空间具有极强的向上趋向性，因而给人一种明亮、欢快感。

高灌木在垂直面中封闭空间，但顶平面视线开敞

↑ 图　2-15

（4）中灌木

中灌木包括高度为 1～2m 的植物，植物的叶丛通常贴地或略微高于地面。中灌木的设计功能与矮小灌木基本相同，只是围合空间范围较之稍大点。此外，中灌木还能在构图中起到高灌木或小乔木与矮小灌木之间的视线过渡作用。

（5）矮小灌木

矮小灌木是植物尺度上较小的植物。成熟的矮灌木最高仅为 1m。但是，矮灌木的最低高度必须在 30cm 以上，因为凡低于这一高度的植物，一般都作为地被植物对待。

矮灌木能在不遮挡视线的情况下限制或分隔空间。由于矮灌木没有明显的高度，因此它们不是以实体来封闭空间，而是以暗示的方式来控制空间。因此，为构成一个四面开敞的空间，可在垂直面上使用矮灌木。与此功能有关的例子是，种植在人行道或小路两旁的矮灌木，具有不影响行人的视线，又能将行人限制在人行道上的作用。

在构图上，矮灌木也具有从视觉上连接其他不相关因素的作用，如图 2-16 所示，不过，它们的这一作用在某种程度上不同于地被植物，地被植物是使其他不相关因素放置于相同的地面上，从而产生视

觉上的联系，而矮灌木则有垂直连接的功能，这点与矮墙相似，如图 2-17 所示，因此，当我们从立面图上来看，矮灌木对于构图中各因素具有较强烈的视觉联系作用。矮灌木的另一功能是在设计中充当附属因素。它们能与较高的物体形成对比，或降低一级设计的尺度，使其更小巧、更亲密。鉴于其尺度矮小，故应大面积地使用，才能获得较佳的观赏效果。如果使用面积小（相对总体布局而言），其景观效果极易丧失。但如果过分使用许多琐碎的矮灌木，就会使整个布局显得无整体感。

（a）小型灌木应多分组

（b）小型灌木较大群体的合理种植形式

↑ 图　2-16

（a）布局分裂呈现两个分隔的群体

（b）小灌木从视觉上将两部分连接成一个统一整体

↑ 图　2-17

（6）地被植物

所谓"地被植物"指的是所有低矮、爬蔓的植物,其高度不超过 15 ~ 30cm。地被植物也各有不同的特征,有的开花,有的不开花,有木本也有草本。

地被植物可以作为室外空间的植物性"地毯"或铺地,此外它本身在设计中还具有许多功能。与矮灌木一样,地被植物在设计中也可以暗示着空间边缘。就这种情况而言,地被植物常在外部空间中划分不同形态的地表面。地被植物能在地面上形成所需图案,而不需硬性的建筑材料。当地被植物与草坪或铺道材料相连时,其边缘构成的线条在视觉上极为有趣,而且能引导视线并划分空间。（见图 2-18）

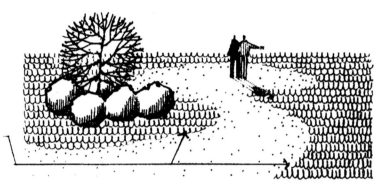

草坪和地被植物之间
的边缘形成的界线

草坪与地被之间的线条能吸引视线并能划分空间

图 2-18

地被植物因具有独特的色彩或质地,因此能提供观赏情趣。当地被植物与具有对比色或对比质地的材料配置在一起时,会引人入胜,具有迷人的花朵、丰富色彩的地被植物,这种作用特别重要。地被植物还有一种功能,是作为衬托主要因素或主要景物的无变化的、中性的背景。例如一件雕塑,或是引人注目的观赏植物下面的地被植物。作为一自然背景,地被植物的面积需大到足以消除邻近因素的视线干扰。

地被植物另一设计功能,是从视觉上将其他孤立因素或多组因素联系成一个统一的整体,如图 2-19 所示,此外,地被植物的作用,就成了一个布局中各个与不同成分相关联的共有因素。各组互不相关的灌木或乔木,在地被植物层的作用下,都能成为同一布局中的一部分。因地被植物能将地面上所有的植物组合在一个共同的区域内,因此适合于环绕一开放草坪的边缘来种植。

地被植物 ———

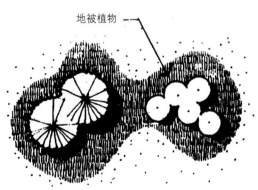

（a）两组植物在视觉上无联系,使布局分离　　　　（b）地被将两组植物统一成整体

图 2-19

地被植物的实用功能,还在于为那些不宜种植草坪或其他植物的地方提供下层植被。地被植物的合理种植场所是那些楼房附近,除草机难以进入或草丛难以生存的阴暗角落。此外,一旦地被植物成熟后,对它的养护少

于同等面积的草坪。与人工草坪相比较,在较长时间内,大面积地被植物层能节约养护所需的资金、时间和精力。地被植物还能稳定土壤,防止陡坡的土壤被冲刷。因为在一个具有 4∶1 坡度的斜坡上种植植物,修剪养护是极其困难而危险的,因此,在这些地方,就应该用地被植物来代之。

2．植物的外形

单株或群体植物的外形,是指植物从整体形态与生长习性来考虑大致的外部轮廓。虽然它的观赏特征不如其大小特征明显,但是它在植物的构图和布局上,影响着统一性和多样性。在作为背景物,以及在设计中植物与其他不变设计因素相配合中,也是一关键性因素。植物外形基本类型为:水平展开形、圆球形、特殊形、垂枝形、纺锤形、圆柱形、尖塔形等,如图 2-20 所示,在这些形状中,每一种植物都具有自己独特的性质,以及独特的设计应用。(见图 2-21)

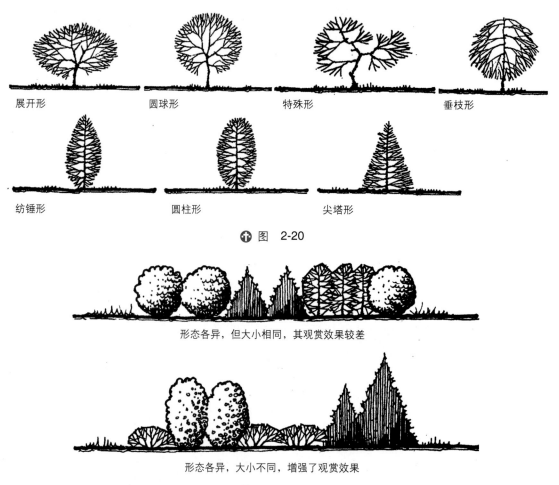

展开形　　　　　　圆球形　　　　　　特殊形　　　　　　垂枝形

纺锤形　　　　　　圆柱形　　　　　　尖塔形

⊕ 图　2-20

形态各异,但大小相同,其观赏效果较差

形态各异,大小不同,增强了观赏效果

⊕ 图　2-21

3．树叶的类型

在一个植物区域的布局中,落叶植物和针叶常绿植物的使用应保持一定比例的平衡关系。两种类型的植物,以其各自最好的特性而相互完善。当单独使用时,落叶植物在夏季分外诱人,但在冬季却"黯然失色",因它们在这个季节里缺乏密集的可视厚度。反之,如果一个布局里只有针叶常绿植物,那么这个布局就会索然无味,因为该植物太沉重、太阴暗,而且对季节的变化几乎"无动于衷"。如图 2-22 所示,为消除这些潜在的缺点,最好的方式就是将这两种植物有效地组合在一起种植。下面我们来具体分析树叶的基本类型:落叶型、针叶常绿型、阔叶常绿型。

在冬季落叶植物无视觉效应,并且隐退

所有常绿植物色深凝重,不随季节变化

植物配置应考虑落叶植物和常绿植物的结合

↑ 图　2-22

（1）落叶型

落叶型植物秋天落叶,春天再生新叶。通常叶片扁薄,具有多种形状和不同的大小。落叶型植物适应能力强,从地被到参天大树,均具有各种形态、色彩、质地和大小。

（2）针叶常绿树

该类植物的叶片常年不落。针叶常绿植物既有低矮灌木也有高大乔木,并具有各种形状、色彩和质地。然而,作为针叶常绿植物来说,它们没有艳丽的花朵。与落叶植物一样,针叶植物也具有自己的独特性和多种用途。

（3）阔叶常绿型

与针叶常绿植物一样,阔叶常绿树的叶色几乎都呈深绿色。不过,许多阔叶常绿植物的叶片具有反光的功能,从而使该植物在阳光下显得光亮。阔叶常绿植物的一个潜在用途,就是能使一个开放性户外空间产生耀眼的发光特性,它们还可以使一个布局在向阳处显得轻快而通透。当其被植于阴影处

时,阔叶常绿植物与针叶常绿植物相似,都具有阴暗、凝重的作用。

（三）植物布置

（1）平面分析图

在设计中,结合以上学习的知识点,完成植物群体的布置。（见图2-23）

（2）立面分析图

在分析一个种植区域内的高度关系时,理想的方法就是做出立面的组合图,制作该图的目的,就是用概括的方法分析各不同植物区域的相对高度,这同规划图相似。这种立面组合图或投影分析图,可使设计师看出实际高度,并能判定出它们之间的关系,这比仅在平面图上去推测它们的高度更有效。考虑到不同方向和视点,我们应尽可能画出更多的立面组合图。这样,由于有了一个全面的、可从所有角度进行观察的立体布置,这个种植设计无疑会令人非常满意。（见图2-24）

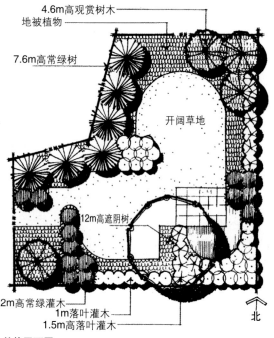

4.6m高观赏树木

地被植物

7.6m高常绿树

开阔草地

12m高遮阴树

2m高常绿灌木

1m落叶灌木

1.5m高落叶灌木

北

总体平面图

❀ 图 2-23

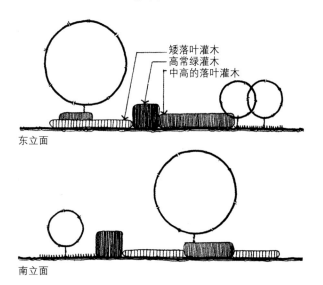

矮落叶灌木

高常绿灌木

中高的落叶灌木

东立面

南立面

❀ 图 2-24

（四）景观植物的配置

（1）对比和衬托

对比和衬托是利用植物不同的形态特征，运用高低姿态、叶形叶色、花形花色的对比手法，表现一定的艺术构思，衬托出美的植物景观。在树丛组合时，要特别注意相互间的协调，不宜将形态姿色差异很大的树种组合在一起。运用水平与垂直对比法、体形大小对比法和色彩与明暗对比法三种方法比较适合。

（2）动势和均衡

各种植物姿态不同，有的比较规整，如杜英；有的有一种动势，如松树。配置时，要讲求植物相互之间或植物与环境中其他要素之间的协调；同时还要考虑植物在不同的生长阶段和季节中的变化，不要因此产生不平衡的状况。例如杭州花港观鱼中的牡丹园以牡丹为主，配置红枫、黄杨、紫薇、松树等，牡丹花谢后仍可保持良好的景观效果。

（3）起伏和韵律

起伏和韵律有两种：一种是"严格韵律"；另一种是"自由韵律"。道路两旁和狭长形地带的植物配置最容易体现出韵律感，但要注意纵向的立体轮廓线和空间变换，应做到高低搭配，有起有伏，这样才会产生节奏韵律感，尽量避免布局呆板。

（4）层次和背景

层次和背景可克服景观的单调，应以乔木、灌木、花卉、地被植物进行多层的配置。不同花色、花期的植物相间分层配置，可以使植物景观丰富多彩。背景树一般宜高于前景树，栽植密度宜大，最好形成绿色屏障，色调要深，或与前景有较大的色调和色度上的差异，以加强衬托。

（五）植物配置方式

自然式的树木配置方法，多选树形或树体部分美观或奇特的品种，以不规则的株行距配置成各种形式，大体可分类为以下几种配置方式。

（1）孤植

单株树孤立种植，孤植树在园林中，一是作为园林中独立的庇荫树，也作观赏用。二是单纯为了构图艺术上的需要，主要显示树木的个体美，可以作为园林空间的主景。常用于大片草坪上、花坛中心、小庭院的一角与山石相互成景之处。

（2）丛植

一个树丛由三五株同种或异种树木或八九株树木不等距离地种植在一起并构成一整体，这是园林中普遍应用的方式，可用作主景或配景。配置宜自然，应符合艺术构图规律，务求既能表现植物的群体美，也能表现树种的个体美。

（3）带植

林带组合原则与树群一样,以带状形式栽种数量很多的各种乔木、灌木。多应用于街道、公路的两旁。如用作园林景物的背景或隔离措施,一般宜密植,并能形成树屏。

（4）群植

群植是以一两种乔木为主体,与数种乔木和灌木搭配,组成较大面积的树木群体。树木的数量较多,以表现群体为主,具有"成林"的效果。

（六）植物的表现

以下的图例提供给大家作为植物的绘制方法,为后期制作方案提供绘图基础。

1. 平面表现图例（见图2-25～图2-28）

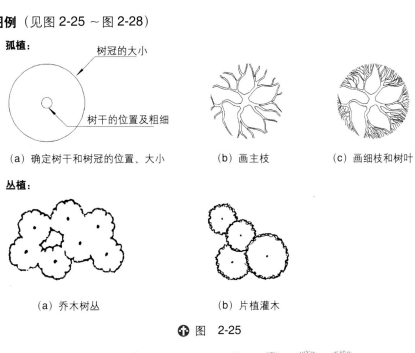

孤植:

（a）确定树干和树冠的位置、大小　　（b）画主枝　　（c）画细枝和树叶

丛植:

（a）乔木树丛　　　　（b）片植灌木

图 2-25

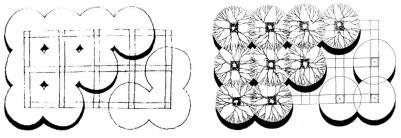

带植:乔木、灌木规则组合画法

图 2-26

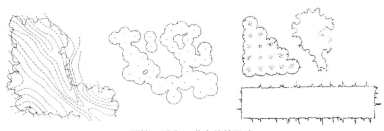

群植:乔木、灌木丛的画法

图 2-27

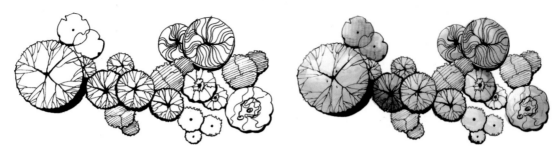

乔木、灌木自由组合画法

✿ 图 2-28

植物的上色与色彩搭配表现如图 2-29 所示。

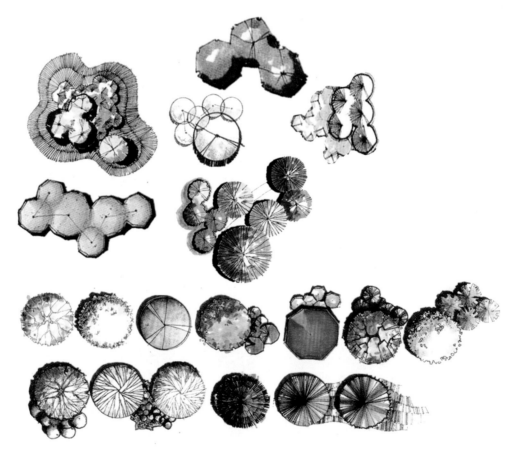

✿ 图 2-29

课后练习：

将下面的景观植物平面线稿进行临摹并上色。（见图 2-30）

2．植物的立面表现图（见图 2-31）

3．常见植物的手绘步骤图（见图 2-32）

课后练习：

（1）绘制以下植物素材（见图 2-33）。

（2）参照下面图例将图 2-34 中的植物用手绘线稿方式表现出来。

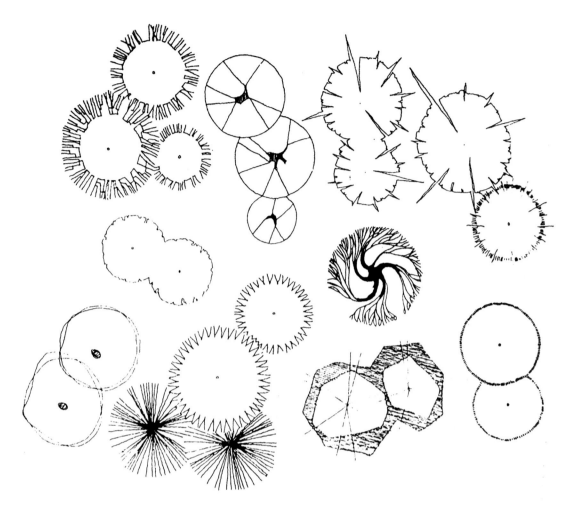

🌲 图　2-30

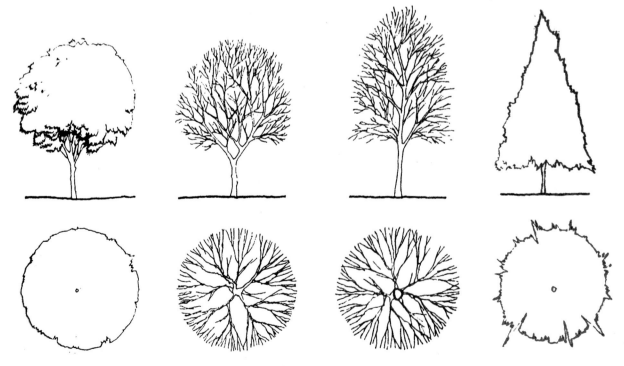

🌲 图　2-31

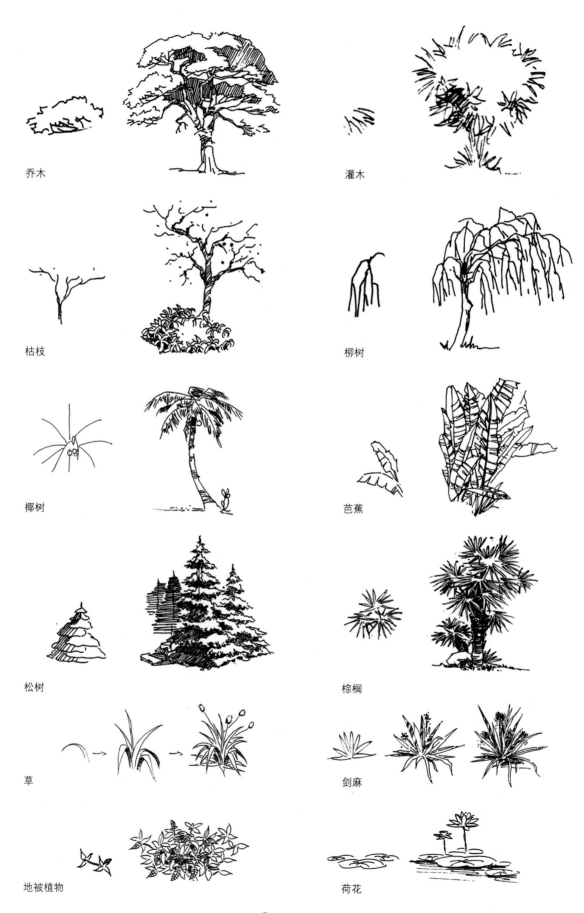

乔木

灌木

枯枝

柳树

椰树

芭蕉

松树

棕榈

草

剑麻

地被植物

荷花

图 2-32

❀ 图 2-33

图 2-33（续）

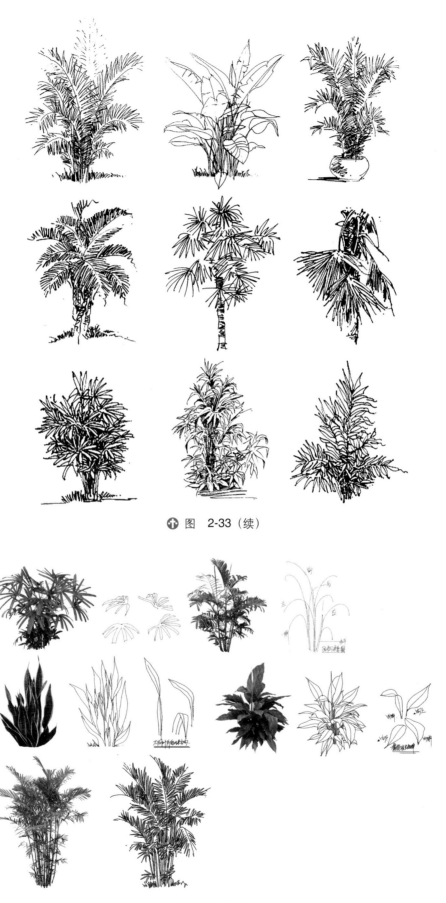

⬆ 图 2-33（续）

⬆ 图 2-34

⬆ 图 2-34（续）

三、地面铺装

地面铺装和植被设计有一个共同的地方,即交通视线诱导（包括人流、车流）。这里植被设计被再次提起,是希望大家不要忘记,无论是运用何种素材进行景观设计,首要的目的是满足设计的使用功能。地面铺装和植被设计在手法上表现为构图,但其目的是方便使用者,提高大家对环境的识别性。在明晰了设计的目标后,我们可以放心地探讨地面铺装的作用、类型和手法。

地面铺装的作用有以下几类。

- 为了适应地面高频度的使用,避免雨天泥泞难走。
- 给使用者提供适当范围的坚固的活动空间。
- 通过布局和图案引导人行流线。

地面铺装的类型,根据铺装的材质可以分为:

- 沥青路面:多用于城市道路、国道。
- 混凝土路面:多用于城市道路、国道。
- 卵石嵌砌路面:多用于各种公园、广场。
- 砖砌铺装:用于城市道路、小区道路的人行道、广场。
- 石材铺装。
- 预制砌块。

地面铺装的手法在满足使用功能的前提下,常常采用方形、流线性、拼图、色彩、材质搭配等手法,为使用者提供活动的场所或者引导行人通达某个既定的地点。(见图 2-35、图 2-36)

⊕ 图　2-35

⊕ 图　2-36

1. 广场砖

广场砖主要规格有 100mm×100mm、120mm×120mm、150mm×150mm、190mm×190mm、100mm×200mm、200mm×200mm、150mm×300mm、150mm×315mm、300mm×300mm、315mm×315mm、315mm×525mm 等尺寸。主要颜色有白色、白色带黑点、粉红、果绿色、斑点绿、黄色、斑点黄、灰色、浅斑点灰、深斑点灰、浅蓝色、深蓝色、紫砂红、紫砂棕、紫砂黑、黑色、红棕色等。

广场砖主要分为三大类：适用于地面的普通广场砖、适用于屋顶的屋面砖、适用于商场超市的室内砖。普通广场砖还配套有盲道砖和止步砖，一般为黄色、灰色和黑色。

2. 卵石

鹅卵石、雨花石、机制鹅卵石，体量较小，常用来装饰面积不大的园林路，或与其他石材搭配做装饰边角等（见图 2-37）。

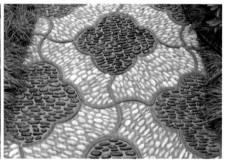

⊕ 图　2-37

3．园林景观常用石材分类

天然石材按实际用途可以分为花岗岩、大理石、砂岩、石灰岩、板岩；此外，还有条石、毛石、页岩、卵石等。

（1）花岗岩（Granite）

① 性能特点：质地坚硬致密、强度高、抗风化、耐腐蚀、耐磨损、吸水性低，有美丽的色泽，还能保存百年以上，是建筑的好材料，但是不耐热。

② 常用的面层处理方式：光面、拉丝面、机切面、烧面、龙眼面、荔枝面、菠萝面、自然面等。（见图2-38）

✿ 图 2-38

③ 园林景观常用花岗岩图片如图2-39所示。

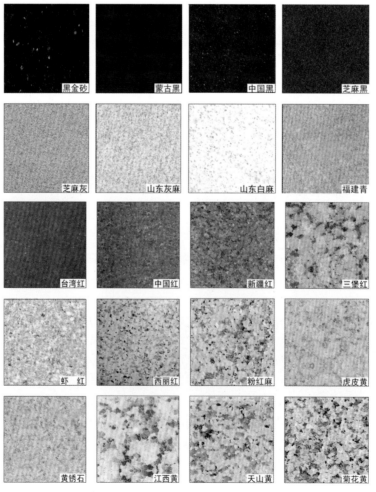

✿ 图 2-39

（2）大理岩（Marble）

性能特点：表面条纹分布一般较不规则,硬度低于花岗岩,耐磨性能良好,不易老化,其使用寿命一般在 50 ～ 80 年左右,具有不导电、不导磁、场位稳定等特点。（见图 2-40）

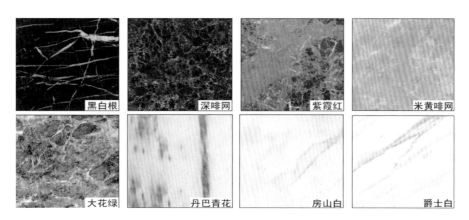

⊕ 图　2-40

（3）砂岩 (Sandstone)

① 性能特点：砂岩是一种沉积岩,主要颜色有黄砂岩、白砂岩、红砂岩。

② 实际运用：砂岩圆雕、浮雕、壁画、雕刻花板、壁炉、柱、门窗套、线条、建筑细部雕塑、园林雕塑等。所有产品均可以按照要求任意着色、彩绘、打磨明暗、贴金,并可以通过技术处理使作品表面呈现粗犷、细腻、龟裂、自然缝隙等真石效果。（见图 2-41）

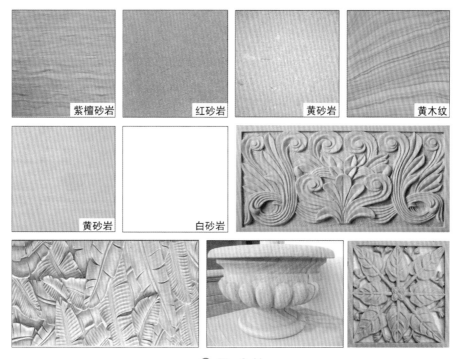

⊕ 图　2-41

（4）石灰岩（Limestone）

石灰岩主要有灰、灰白、灰黑、黄、浅红、褐红等颜色。一般硬度不大,与稀盐酸反应剧烈。石灰具有导热性、坚固性、吸水性、不透气性、隔音性、磨光性、很好的胶结性能以及可加工性等优良的性能。

（5）板岩（Slate）

① 性能特点：具有板状结构，基本无重结晶石，是一种变质岩。沿板纹理方向可剥离成薄片。劈分性能好、平整度好、色差小、黑度高、弯曲强度高、含钙铁硫量低、烧失量低、耐酸碱性能好、吸水率低、耐候性好等。按颜色分主要有黑板、灰板、绿板、锈板、紫板等。

② 实际运用：主要用于地面及墙面等。优质的板石都是被加工为屋面瓦板，俗称石板瓦。常用板岩如图 2-42 所示。

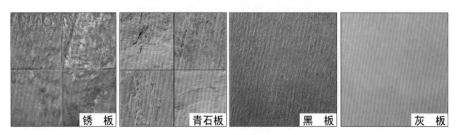

锈 板　　青石板　　黑 板　　灰 板

↑ 图　2-42

4. 铺砖扩初示意图（见图 2-43～图 2-46）

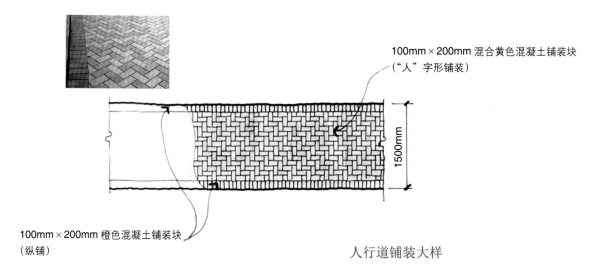

100mm×200mm 混合黄色混凝土铺装块（"人"字形铺装）

1500mm

100mm×200mm 橙色混凝土铺装块（纵铺）

人行道铺装大样

↑ 图　2-43

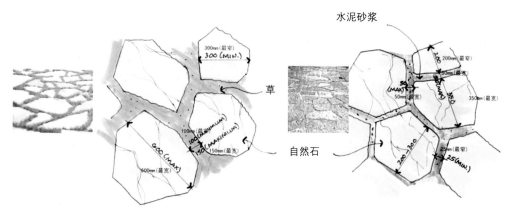

水泥砂浆

草

自然石

不规则石块路面大样图

↑ 图　2-44

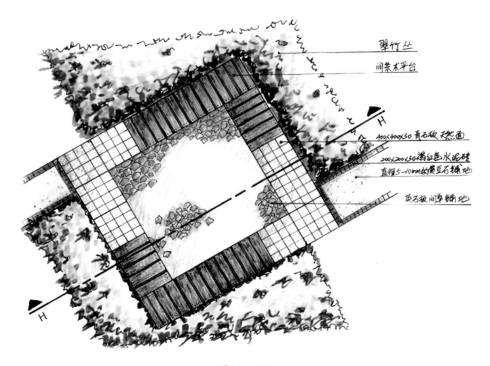

翠竹丛

间条木平台

400x400x30青石板 天然面

200x200x30褐红色水泥砖
直径5-10mm的黄豆石辅地

英石板间草辅地

图 2-45

⊕ 图 2-45

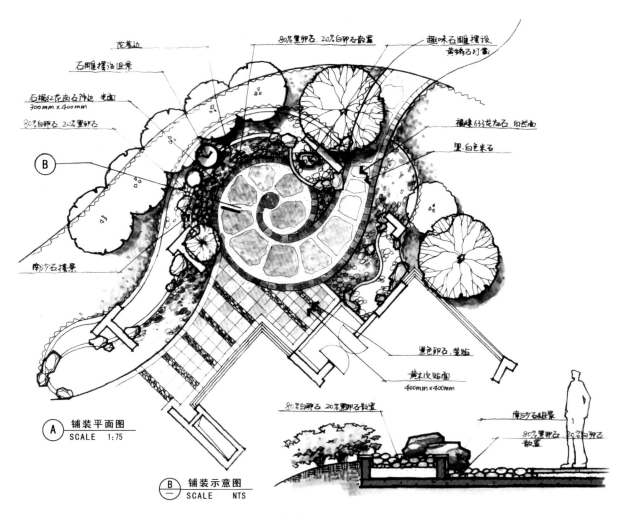

花基边

石雕摆设点景

石块红花岗石净边 光面
300mm x 400mm

80%白卵石 20%黑卵石

80%黑卵石. 20%白卵石散置

趣味石雕摆设
黄锈石打灯

福建633花岗石 白光面

黑.白色米石

南汐石摆景

黑色卵石. 密贴

黄木皮贴面
400mm x 400mm

80%白卵石. 20%黑卵石散置

南汐石组景

80%黑卵石. 20%白死石散置

Ⓐ 铺装平面图
SCALE 1:75

Ⓑ 铺装示意图
SCALE NTS

⊕ 图 2-46

41

5．铺砖设计图（见图2-47～图2-49）

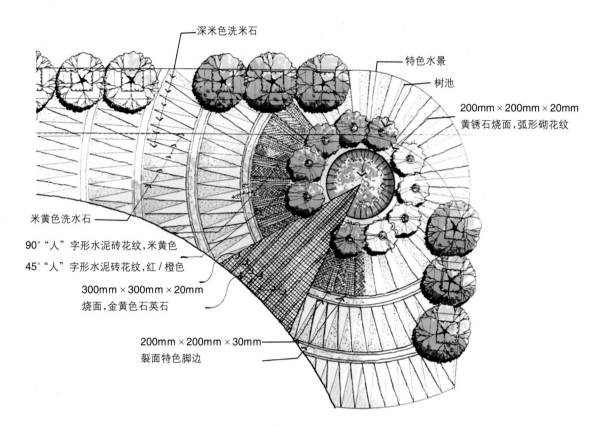

深米色洗米石

特色水景

树池

200mm×200mm×20mm
黄锈石烧面，弧形砌花纹

米黄色洗水石

90°"人"字形水泥砖花纹，米黄色

45°"人"字形水泥砖花纹，红/橙色

300mm×300mm×20mm
烧面，金黄色石英石

200mm×200mm×30mm
裂面特色脚边

☗ 图　2-47

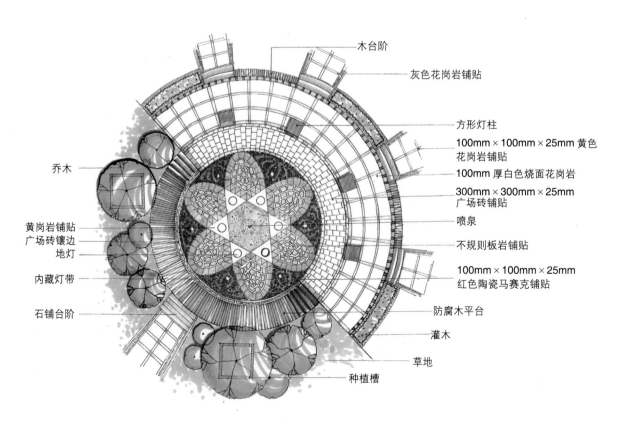

木台阶

灰色花岗岩铺贴

方形灯柱

100mm×100mm×25mm 黄色
花岗岩铺贴

100mm 厚白色烧面花岗岩

300mm×300mm×25mm
广场砖铺贴

喷泉

不规则板岩铺贴

100mm×100mm×25mm
红色陶瓷马赛克铺贴

防腐木平台

灌木

草地

乔木

黄岗岩铺贴
广场砖镶边
地灯

内藏灯带

石铺台阶

种植槽

☗ 图　2-48

42

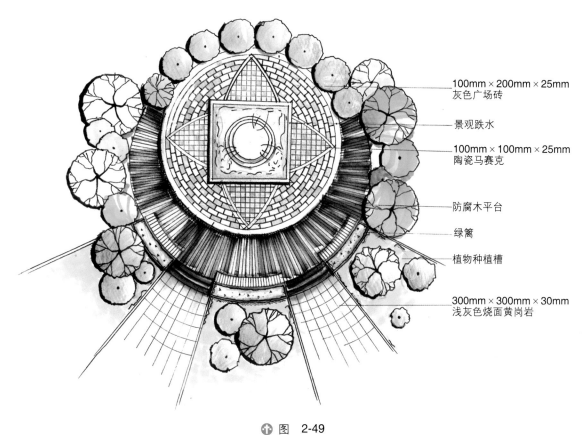

100mm×200mm×25mm
灰色广场砖

景观跌水

100mm×100mm×25mm
陶瓷马赛克

防腐木平台

绿篱

植物种植槽

300mm×300mm×30mm
浅灰色烧面黄岗岩

⬆ 图　2-49

四、水体设计

　　一个城市会因山而有势,因水而显灵。喜水是人类的天性。水体设计是景观设计的重点和难点。水体设计的形态多样,千变万化。景观设计大体将水体分为静态水和动态水的设计方法。静则安详,动有灵性。静态的水有:水池、湖泊、沼泽等;动态的水有:涌水、河流、瀑布、溪涧、水幕影像、喷泉、壁泉等。(见图2-50~图2-52)

⬆ 图　2-51

⬆ 图　2-50

⬆ 图　2-52

根据水景的功能,还可以将其特征分为丰富性、观赏性、参与性。

丰富性:水体的选择和搭配可以直接影响到景观园林整体的布局以及水景立意的表达。

观赏性:水景的设计本身是一种艺术创作,无论东方还是西方,在水景的设计上都具有形式美,能给人一种视觉上的享受。

参与性:就是让观赏者走进水景,让身体直接与水接触,如目前的景观设计就非常重视这一点。

总体来说,水景具有改善环境、调节气候,以及提供娱乐、防护、隔离等作用。

水体设计要考虑以下几点。

● 水景设计和地面排水结合;

● 管线和设施的隐蔽性设计;

● 防水层和防潮性设计;

● 与灯光照明相结合;

● 寒冷地区应考虑会结冰并注意防冻。

水景在景观设计中的图例,如图 2-53 和图 2-54 所示。

✿ 图 2-53

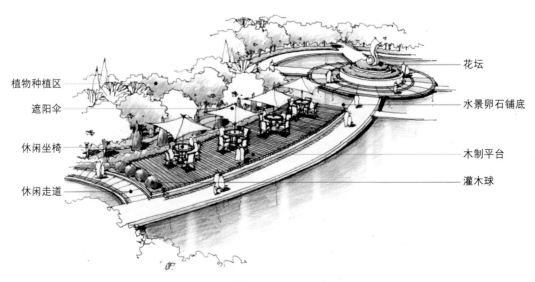

✿ 图 2-54

五、景观小品

景观小品是景观中的点睛之笔,一般体量较小、色彩单纯,对空间起点缀作用。小品既具有实用功能,又具有精神功能,包括建筑小品——雕塑、壁画、亭台、楼阁、牌坊等;生活设施小品——坐椅、电话亭、邮箱、邮筒、垃圾桶等;道路设施小品——车站牌、街灯、防护栏、道路标志等。但目前在我国,景观小品常常粗制滥造,缺乏美感,忽视了其精神功能。其实,景观的总体效果是通过大量的细部艺术加以体现。景观中的细部处理一定要做到位,因为在大的方面相差不大的情况下,一些细节更能体现一个城市的文化素质和审美情趣。

(一)景观小品的主要功能

(1)美化环境:景观设施与小品的艺术特性与审美效果,加强了景观环境的艺术氛围,创造了美的环境。

(2)标示区域特点:优秀的景观设施与小品具有特定区域的特征,是该地人文历史、民风民情以及发展轨迹的反映。通过这些景观中的设施与小品可以提高区域的识别性。

(3)实用功能:景观小品尤其是景观设施,主要目的就是给游人提供在景观活动中所需要的生理、心理等各方面的服务,如休息、照明、观赏、导向、交通、健身等需求。

(4)提高整体环境品质:通过这些艺术品和设施的设计来表现景观主题,可以引起人们对环境和生态以及各种社会问题的关注,产生一定的社会文化意义,改良景观的生态环境,提高环境艺术品位和思想境界,提升整体环境品质。

(二)景观小品的设计原则

1.功能满足

艺术品在设计中要考虑到功能因素,无论是在实用方面还是在精神上,都要满足人们的需求,尤其是公共设施的艺术设计,它的功能设计是更为重要

的部分,要以人为本,满足各种人群的需求,尤其是残疾人的特殊需求,应体现人文关怀。

2.个性特色

艺术品设计必须具有独特的个性,这不仅指设计师的个性,更包括该艺术品对它所处的区域环境的历史文化和时代特色的反映,设计时应吸取当地的艺术语言符号,采用当地的材料和制作工艺,设计具有一定的本土意识的环境艺术品。

3.生态原则

一方面节约节能,采用可再生材料来制作艺术品;另一方面在作品的设计思想上应注意引导和加强人们的生态保护观念。

4.情感归宿

室外环境艺术品不仅带给人视觉上的美感,而且更具有意味深长的意义。好的环境艺术品注重地方传统,强调历史文脉,包含了记忆、想象、体验和价值等因素,常常能够成为独特的、引人入胜的效果,使观者产生美好的联想,成为室外环境建设中的一个情感节点。

(三)景观小品的类型

1.亭子

亭子是用来点缀园林景观的一种园林小品。《园冶》中有一段精彩的描述:"花间隐榭,水际安亭,斯园林而得致者。惟榭只隐花间,亭胡拘水际,通泉竹里,按景山巅,或翠筠茂密之阿;苍松蟠郁之麓;或借濠濮之上,入想观鱼;倘支沧浪之中,非歌濯足。亭安有式,基立无凭。"园亭的设计构思、建亭位置,要从两方面考虑,一是由内向外好看;二是由外向内也好看。

亭子材料多以木、竹、石、钢筋混凝土为主,近年来玻璃、金属、有机等材料也被人们引进到这种建筑上,使得亭子这种古老的建筑体系有了现代的时尚感觉。亭子的形式、尺寸、色彩、题材等应与所在居住区景观相适应、协调。亭子的高度宜在2.4~3m,宽度宜在2.4~3.6m,立柱间距宜在3m左

右。木制凉亭应选用经过防腐处理的耐久性强的木材。（见图 2-55）

图　2-55

2．景观墙

景观墙是园内划分空间、组织景色、适于导游而布置的围墙，能够反映文化特色，兼有美观、隔断、通透的作用。其功能不仅在于营造公园内的景点，而且是改善市容市貌及城市文化建设的重要手段。（见图 2-56）

图　2-56

3．门洞与窗洞

《园冶》中讲道："门窗磨空，制式时裁，不唯屋宇翻新，斯谓林园遵雅。工精虽专瓦作，调度犹在得人，触景生奇，含情多致，轻纱环碧，弱柳窥青。伟石迎人，别有一壶天地。"景观设计中的园墙、门洞、空窗、漏窗是作为引导游人通行、观景的设施，也具有艺术小品的审美特点。园林意境的空间构思与创造，往往通过它们作为空间的分隔、穿插、渗透、陪衬来增加精神文化，扩大空间，使之方寸之地能小中见大，并在园林艺术上又巧妙地作为取景的画框，随步移景，转移视线并成为情趣横溢的造园障景。门洞与窗洞的材料可就地取材，直接采用茅草、藤、竹、木等较为朴素的自然材料。（见图 2-57）

（1）门洞的形式有以下两种。

几何形：圆形、横长方形、直长方形、圭形、多角形、复合形等。

仿生形：如模仿海棠、桃、李、石榴、葫芦、如意等形状。

（2）窗洞包括以下几种。

空窗：在园墙上开窗洞称为空窗（月洞）。既可采光通风，又可作取景框，扩大了空间和进深。

漏窗：在园墙空窗上，用砖、瓦、木、混凝土预制小块花格等构成灵活多样的花纹图案。

景窗：即以自然形体位置为图案的漏窗。

☝ 图　2-57

4．廊架

　　廊架以其自然逼真的表现，给广场、公园、小区增添了浓厚的人文气息，它多以木材、竹材、石材、金属、钢筋混凝土为主要原料添加其他材料凝合而成，是供游人休息、景观点缀之用的建筑体，与自然生态环境搭配非常和谐。廊架有分隔空间、连接景点、引导视线的作用。由于廊架顶部由植物覆盖而产生庇护作用，因此减少了太阳对人的热辐射。有遮雨功能的廊架，可局部采用玻璃和透光塑料覆盖。适用于廊架的植物多为藤本植物。可匹配的植物有：紫藤、葡萄、蔷薇、常春藤等，具有耐阴的作用。廊架以有顶盖为主，可分为单层廊、双层廊和多层廊。廊架下还可设置供休息用的椅凳。（见图 2-58）

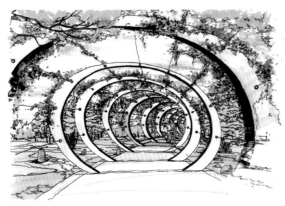

☝ 图　2-58

　　廊的宽度和高度设定应按人的尺度比例关系加以控制，避免过宽、过高，一般高度宜在 2.2 ～ 2.5m 之间，宽度宜在 1.8 ～ 2.5m 之间。居住区内建筑与建筑之间的走廊尺度控制必须与主体建筑相适应。廊架形式可分为门式、悬臂式和组合式。廊架高宜为 2.2 ～ 2.5m，宽宜为 2.5 ～ 4m，长度宜为 5 ～ 10m，立柱间距应为 2.4 ～ 2.7m。

5．桥

　　桥梁是景观环境中的交通设施，与景观道路系统相配合，联系游览路线与观景点，组织景区分隔与联系。在设计时注意水面的划分与水路的通行。水景中桥的类型有梁桥、拱桥、浮桥、吊桥、亭桥与廊桥等。（见图 2-59 ～图 2-61）

冷杉木、松木等材料,其厚度要根据下部木架空层的支撑点间距而定,一般为 3 ~ 5cm 厚,板宽一般为 10 ~ 20cm 之间,板与板之间宜留出 3 ~ 5mm 宽的缝隙。面板不应直接铺在地面上,下部要有至少 2cm 的架空层,以避免雨水的浸泡,保持木材底部的干燥通风。设在水面上的架空层,其木方的断面选用要经计算确定。木栈道所用木料必须进行严格的防腐和干燥处理。为了保持木质的本色和增强耐久性,用材在使用前应浸泡在透明的防腐液中 6 ~ 15 天,然后进行烘干或自然晾干,使含水量不大于 8%,以确保在长期使用中不产生变形。个别地区由于条件所限,也可采用涂刷桐油和防腐剂的方式进行防腐处理。连接和固定木板和木方的金属配件(如螺栓、支架等)应采用不锈钢或镀锌材料制作(见图 2-63)。

✿ 图 2-59

✿ 图 2-60

✿ 图 2-62

✿ 图 2-61

6．木栈道

邻水木栈道为人们提供了行走、休息、观景和交流的多功能场所(见图 2-62)。由于木板材料具有一定的弹性和粗朴的质感,因此行走其上比一般石铺砖砌的栈道更为舒适。多用于要求较高的居住环境中。

木栈道由表面平铺的面板(或密集排列的木条)和木方架空层两部分组成。木面板常用桉木、柚木、

✿ 图 2-63

7．汀步

在中国古典园林中,常以零散的叠石点缀于窄而浅的水面上,使人易于蹑步而行,其名称叫"汀

步",或叫"掇步""踏步"。《扬州画舫录》亦有"约略"一说,日本又称为"泽飞"。这种形式来自南方民间,后被引进园林,并在园林中大量运用,北京中南海静谷、苏州环秀山庄、南京瞻园等俱有。汀步在园林中虽属小景,但并不是可有可无的,恰恰相反,合理应用会显得更具"匠心"。陈从周先生曾说:"(常熟燕园)洞内有水流入,上点'步石',巧思独运。"又说过:"石矶……石步,正如云林小品,其不经意处,亦即全神最贯注处,非用极大心思,反复推敲……不经意之处,要格外注意。"可见,水点步石既是附景之物,依山、依水而造境;其本身又是很好看的景观。(见图 2-64)

8．喷水景观池

喷泉的类型很多,常用的有以下几种。

(1)普通装饰性喷泉:常由各种花形图案组成固定的喷水造型。(见图 2-65)

⬆ 图　2-65

(2)雕塑装饰性喷泉:喷泉的喷水水形与雕塑、小品等相结合。(见图 2-66)

⬆ 图　2-66

(3)人工造景型:如瀑布、水幕等用人工或机械塑造出来的各种大型水景等。(见图 2-67)

⬆ 图　2-67

（4）自控喷泉：利用先进的计算机技术或电子技术将声、光、电等融入喷泉技术中，以造成变幻多彩的水景，如音乐喷泉、电脑控制的涌泉、间歇泉等。

要注意的是，一般的喷头安装、水下照明布置，水深50～60cm已足够。如果采用进口设备，还可浅些。水深小于40cm，水下灯就不易安装。浅水盆或池，最浅要≥10cm水深。池底和池壁的颜色，过去常用浅色，白、浅蓝等，以显水清。现在有用深色，甚至全黑的设计。选用深色，喷泉宜用泡沫型喷头，对比之下，更为分明。同样道理，不喷射时也要有某项特色，如雕塑、花钵等，以免过于沉闷。

9．雕塑小品与装置艺术

雕塑是指用传统的雕塑手法，在石、木、泥、金属等材料上直接创作，反映历史、文化和思想、追求的艺术品。雕塑按使用功能分为纪念性、主题性、功能性与装饰性雕塑等。从表现形式上可分为具象和抽象、动态和静态雕塑等，在设计素材上分动物、人物、植物等。在布局上一定要注意与周围环境的协调关系，应恰如其分地确定雕塑的材质、色彩、体量、尺度、题材、位置等，展示其整体美、协调美。

如图2-68和图2-69中的雕塑小品，无论是从具象还是抽象的角度来看，都具有很强的造型能力与可塑性，给人带来的不仅仅是单纯的观赏价值，在以动物为设计元素的图片中我们看到亲近自然的虚拟景象，让人跟动物及大自然生态环境相协调。在下一组的以人物为设计元素的题材的雕塑作品中我们看到了雕塑大师的智慧，中间的那个带着娇羞的红孩儿的表情给人带来无限的童真童趣，在静静的湖水中站立，色彩夺目，形成鲜明对比，使人留下深刻的印象。以头像为题材的作品，矗立在厦门的海上花园——鼓浪屿上，整体造型具有很好的框景效果。

↑ 图　2-68

↑ 图　2-69

10．花钵、树池

花钵：是种花用的器皿，为口大底端小的倒圆台或倒棱台形状，质地多为福建花岗岩、黄锈石、莆田锈、大理石、花岗岩、砂岩等。（见图2-70）

↑ 图　2-70

树池：树木移植时根球（根钵）所需的空间，用以保护树木，一般由树高、树径、根系的大小所决定。树池深度至少深于树根球以下 **2.5m**（见图 2-71）。

↑ 图　2-71

11．景观坐椅

坐椅是景观环境中最常见的室外家具种类，便于游人休息和交流。设计时,路边的坐椅应退出路面一段距离,避开人流,形成休息的半开放空间。景观节点的坐椅应设置在面对景色的位置,让游人休息的时候有景可观。室外坐椅的设计应满足人体舒适度要求,普通座面高 **38 ~ 40cm**,座面宽 **40 ~ 45cm**,标准长度：单人椅 **60cm** 左右,双人椅 **120cm** 左右, 3 人椅 **180cm** 左右,靠背坐椅的靠背倾角为 **100° ~ 110°** 为宜。

另外,坐椅材料多为木材、石材、混凝土、陶瓷、金属、塑料等,应优先采用触感好的木材,木材应作防腐处理,坐椅转角处应作磨边倒角处理。如图 2-72 所示,坐椅的形态由直线构成,制作简单,造型简洁,给人一种稳定的平衡感；图 2-73 中坐椅应用了线的构成,柔和丰满,流畅,婉转曲折,和谐生动,自然得体,从而取得变化多样的艺术效果。如图 2-74 所示,仿生与模拟自然界动物植物形态的坐椅,与环境相互呼应,产生了趣味和生态美。

↑ 图　2-72

↑ 图　2-73

↑ 图　2-74

12．景观灯

灯具也是景观环境中常用的室外家具,主要是为了方便游人夜行,夜晚照明,或渲染景观效果。灯具种类很多,分为路灯、草坪灯、水下灯以及各种装饰灯具和照明器。(见图2-75)

图　2-75

灯具选择与设计要遵守以下原则。

(1)功能齐备,光线舒适,能充分发挥照明功效。

(2)艺术性要强,灯具形态具有美感,光线设计要配合环境,形成亮部与阴影的对比,丰富空间的层次和立体感。

(3)与环境气氛相协调,用"光"与"影"来衬托自然的美,并起到分割空间、变化氛围的作用。

(4)保证安全,灯具线路开关乃至灯杆设置都要采取安全措施。

13．垃圾箱

垃圾箱是环境中不可缺少的景观设施,是保护环境、做好清洁卫生的有效措施,垃圾箱的设计在功能上要注意区分垃圾类型,有效回收可利用的垃圾,在形态上要注意与环境协调,并利于投放垃圾和防止气味外溢。

(1)垃圾容器一般设在道路两侧和居住单元出入口附近的位置,其外观色彩及标志应符合垃圾分类收集的要求。

(2)垃圾容器分为固定式和移动式两种。普通垃圾箱的规格为高为60～80cm,宽为50～60cm。放置在公共广场的垃圾箱要求较大,高宜在90cm左右,直径不宜超过75cm。

(3)垃圾容器应选择美观与功能兼备、并且与周围景观相协调的产品,要求坚固耐用,不易倾倒。一般可采用不锈钢、木材、石材、混凝土、GRC、陶瓷材料制作。(见图2-76)

(四)景观构筑物、小品的扩初图绘制

扩初即"扩大初步设计",是指在方案设计基础上的进一步设计,但设计深度还未达到施工图的要求。需要简单表达出尺寸、材料、色彩,但不包括节点做法和详细的大样以及工艺要求等具体内容。(见图2-77～图2-84)

図 2-76

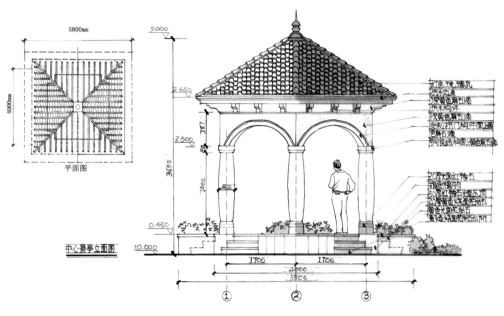

図 2-77

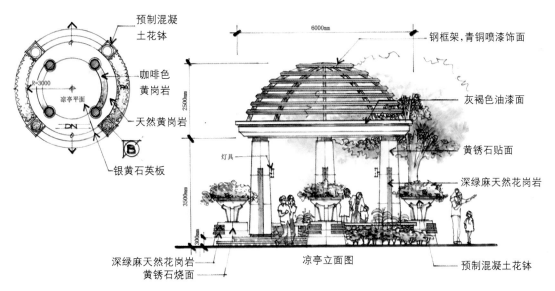

図 2-78

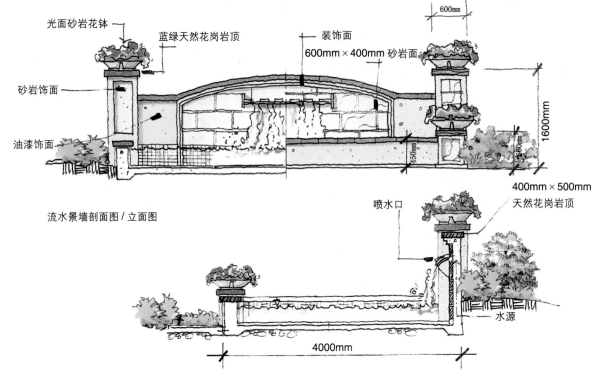

光面砂岩花钵

蓝绿天然花岗岩顶

装饰面

600mm×400mm 砂岩面

砂岩饰面

油漆饰面

1600mm

600mm

400mm×500mm
天然花岗岩顶

喷水口

水源

4000mm

流水景墙剖面图／立面图

图　2-79

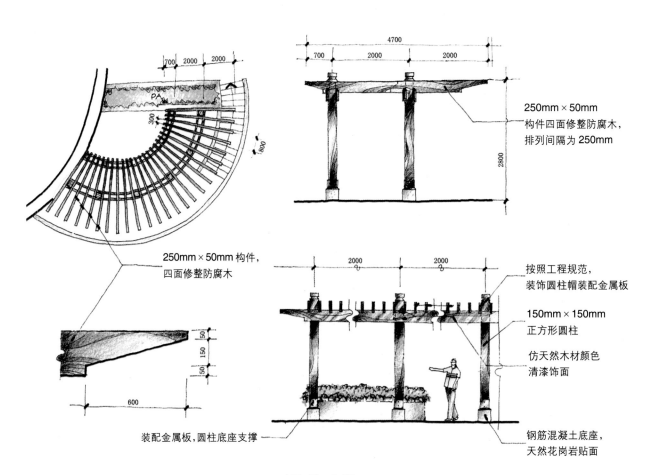

700　2000　2000

300

1800

PA

4700

700　2000　2000

2800

250mm×50mm
构件四面修整防腐木，
排列间隔为 250mm

250mm×50mm 构件，
四面修整防腐木

50
150
50

600

装配金属板，圆柱底座支撑

2000　2000

按照工程规范，
装饰圆柱帽装配金属板

150mm×150mm
正方形圆柱

仿天然木材颜色
清漆饰面

钢筋混凝土底座，
天然花岗岩贴面

图　2-80

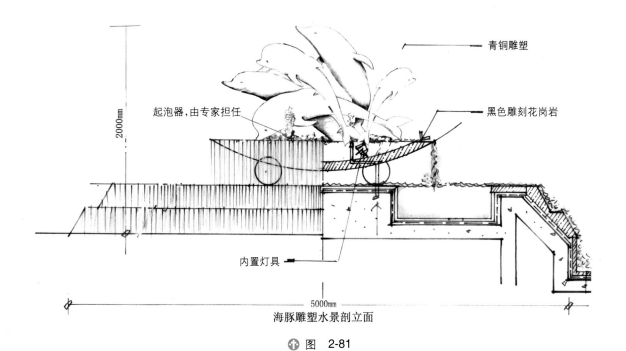

青铜雕塑

黑色雕刻花岗岩

起泡器,由专家担任

内置灯具

海豚雕塑水景剖立面

👆 图 2-81

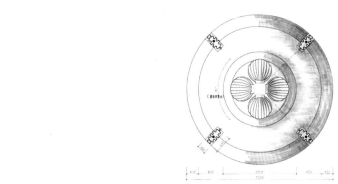

扇贝水景平面图

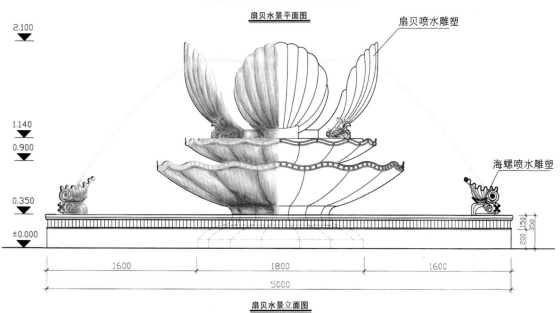

扇贝喷水雕塑

海螺喷水雕塑

扇贝水景立面图

👆 图 2-82

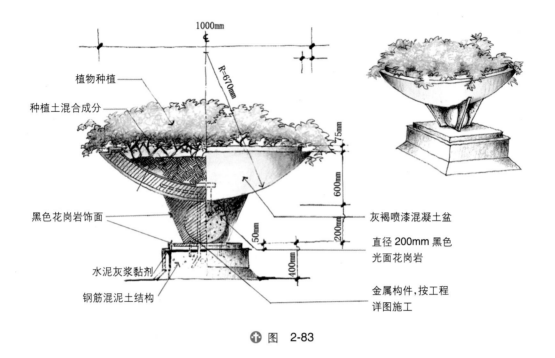

植物种植

种植土混合成分

黑色花岗岩饰面

水泥灰浆黏剂

钢筋混泥土结构

1000mm

R=670mm

75mm

600mm

50

200mm

400mm

灰褐喷漆混凝土盆

直径200mm黑色
光面花岗岩

金属构件,按工程
详图施工

☆ 图 2-83

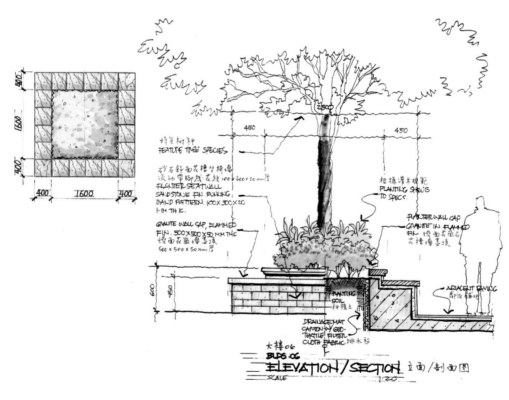

☆ 图 2-84

六、案例展示

以下展示的案例是将以上学习的景观各要素,经过构思与构图,应用合理的设计手法,表现在二维平面上。

图2-85中以圆为设计元素,应用构成形态中发射的设计方法,有机地结合地面铺砖、水景、植物、凉亭来进行布置。齿线木平台亲临水面,增加人与大自然的亲近感。对面的凉亭便是一大看点,能形成对景的效果。

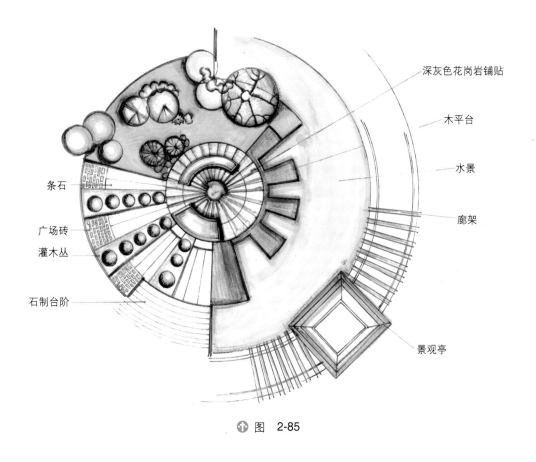

深灰色花岗岩铺贴

木平台

水景

廊架

条石

广场砖

灌木丛

石制台阶

景观亭

☝ 图　2-85

图 2-86 中以水景为主要看点，以圆与方的构成相结合，增添的休闲伞，让人不约而同地会聚集在这里。

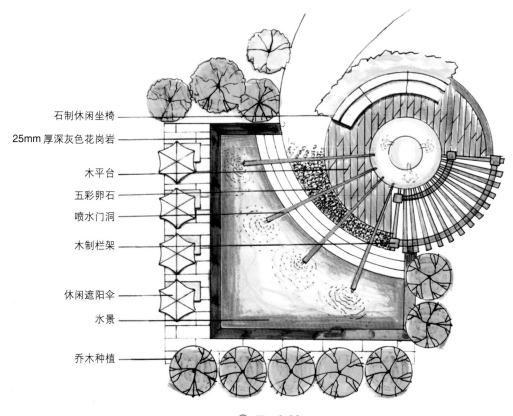

石制休闲坐椅

25mm 厚深灰色花岗岩

木平台

五彩卵石

喷水门洞

木制栏架

休闲遮阳伞

水景

乔木种植

☝ 图　2-86

图 2-87 中以圆形为构图基础,将景观设计元素铺砖、水体、绿化等做得相当细致,特别是铺砖更有特色,应用广场砖进行的图案设计,具有很强的艺术效果。

花钵
绿篱
广场砖拼贴图案
300mm×300mm 黄岗岩
喷水景观
防腐木围栏

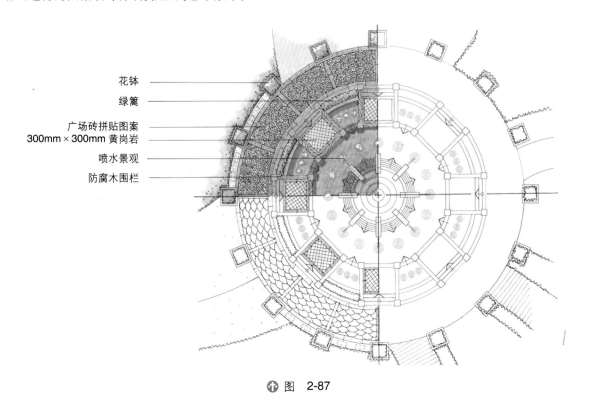

图 2-87

图 2-88 中构图以圆形、方形、扇形进行设计,回廊与亭子能形成对景的效果。

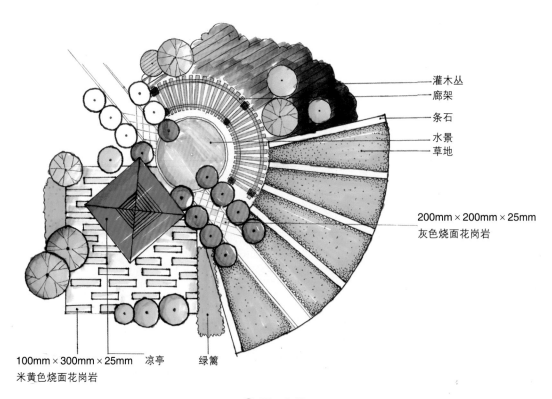

灌木丛
廊架
条石
水景
草地

200mm×200mm×25mm
灰色烧面花岗岩

100mm×300mm×25mm   凉亭   绿篱
米黄色烧面花岗岩

图 2-88

本章课后作业：

1．应用本章学习的景观设计各要素,设计一组景观,要求绘制出平面方案图。

2．按 1:20 或者 1:30 的比例设计亭子与具有雕塑类的喷水景观,题材不限,要求画出平面图、立面图及扩初图。

第三章
景观设计的基本方法与程序

课程内容：景观设计的原则与方法，景观设计的基本程序。

学习目标：了解景观设计的方法，掌握构思与构图能力，会应用所学知识设计方案表现图。

建议学时：8课时。

第一节 景观设计的原则与方法

一、景观设计的原则

以1969年麦克哈格发表的"设计遵从自然"理论为标志，某种程度上影响了这一时期设计理论的发展。同时，麦克哈格的这一理论超越了结构主义景观大师丹凯利的"设计是生活"的理念，将景观设计学提升到处理人与自然的关系上来，也使景观设计在应对人类与自然的危机中发挥了比建筑学更大的优势。与此同时，生态学对建筑景观实践产生了影响，出现了生态建筑和景观生态规划理论，20世纪90年代出现的可持续发展观念，导致了设计方法的改变，人们从设计思潮的讨论转向基于实践的理论研究。

景观设计是多项工程配合相互协调的综合设计，就其复杂性来讲，需要考虑交通、水电、园林、市政、建筑等各个技术领域。各种法律、法规都要了解掌握，在具体的设计中运用好各种景观设计要素，安排好项目中每一地块的用途，设计出符合土地使用性质的、满足客户需要的、比较适用的方案。景观设计中一般以建筑为硬件，绿化为软件，以水景为网络，以小品为节点，采用各种专业技术手段辅助实施设计方案。

二、景观设计的方法

1. 构思与构图

构思是一个景观设计最重要的部分，也可以说是景观设计的最初阶段。构思首先考虑的是满足其使用功能，充分为地块的使用者创造、安排出满意的空间场所，又要考虑不破坏当地的生态环境，尽量减少项目对周围生态环境的干扰。然后，采用构图以及下面将要提及的各种手法进行具体的方案设计。（见图3-1）

在构思的基础上就是构图的问题了。构思是构图的基础，构图始终要围绕着构思时确定的所有功能。景观设计构图包括两个方面的内容，即平面构图组合和立体造型组合。

平面构图：主要是将交通道路、绿化面积、小品位置，以平面图示的形式，按比例准确地表现出来。（见图3-2）

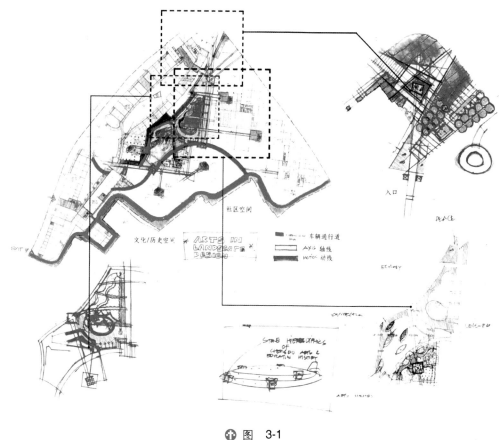

↑ 图　3-1

　　立体造型：整体来讲,立体造型是地块上所有实体内容的某个角度的正立面投影；从细部来讲,主要选择景物主体与背景的关系来反映。(见图 3-3)

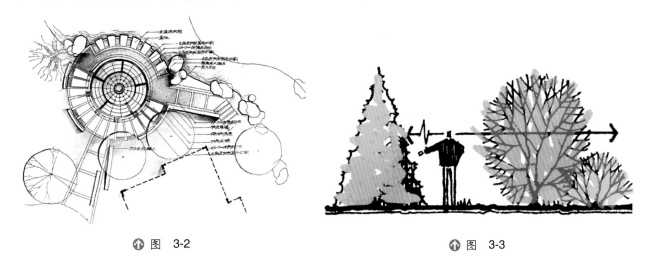

↑ 图　3-2　　　　　　　　　　　　　　　　　↑ 图　3-3

2. 对景与借景

　　景观设计的平面布置中,往往有一定的建筑轴线和道路轴线,在尽端安排的景物称为对景。对景往往是平面构图和立体造型的视觉中心,对整个景观设计起着主导作用。对景可以分为直接对景和间接对景。直接对景是视觉最容易发现的景,如道路尽端的亭台、花架等,令人一目了然,如图 3-4 所示；间接对景不一定在道路的轴线上或行走的路线上,其布置的位置往往有所隐蔽或偏移,给人以惊异或若隐若现之感。

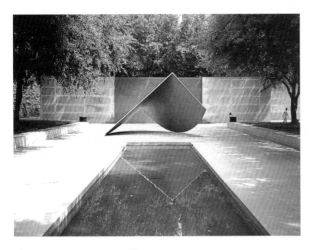

⬆ 图 3-4

借景也是景观设计常用的手法。通过建筑的空间组合,或建筑本身的设计手法,将远处的景致借用过来。如苏州拙政园,可以从多个角度看到几百米以外的北寺塔,这种借景的手法可以丰富景观的空间层次,给人一种极目远眺、身心放松的感觉。

3. 引导与示意

引导的手法是多种多样的,会采用水体、铺地等很多元素。如公园的水体,水流时大时小,时宽时窄,将人引导到公园的中心。示意的手法包括明示和暗示。明示指采用文字说明的形式,如路标、指示牌等小品的形式。暗示可以通过地面铺装、树木有规律布置的形式指引人们行进的方向,给人以身随景移"柳暗花明又一村"的感觉。(见图3-5)

⬆ 图 3-5

4. 隔景与障景

"佳则收之,俗则屏之"是我国古代造园的手法之一,在现代景观设计中,也常常采用这样的思路和手法。隔景是将好的景致收入到景观中,将乱差的地方用树木、墙体遮挡起来。障景是直接采取截断行进路线或逼迫游人改变方向的办法,一般用实体来完成。当一个景观在远方,或自然的山,或人为的建筑,如没有其他景观在中间、近处作过渡,就会显得虚空而没有层次;如果在中间、近处有小品,乔木在中间,近处作过渡景,景色会显得有层次美,这中间的小品和近处的乔木,便叫做添景。

5. 渗透与延伸

在景观设计中,景区之间并没有十分明显的界限,而是你中有我,我中有你,渐而变之。渗透和延伸经常采用草坪、铺地等方式,起到连接空间的作用,给人一种不知不觉中景物已发生变化的感觉。在心理感受上不会"戛然而止",给人良好的空间体验。如图3-6所示,就是利用铺砖进行渗透和延伸的设计手法。

⬆ 图 3-6

6. 尺度与比例

景观设计主要尺度依据在于人们在建筑外部空间的行为,人们的空间行为是确定空间尺度的主要依据。如学校的教学楼前的广场或开阔空地,尺度不宜太大,也不宜过于局促。太大了,学生或教师使用、停留会感觉过于空旷,没有氛围;过于局促会失去一定的私密性。因此,无论是广场、花园或建筑绿地,都应该依据其功能和使用对象确定其尺度和比例。关于具体的尺度、比例,许多书籍资料都有描述,但最好是从实践中把握感受。比例有两个特点,一是人与空间的比例;二是物与空间的比例。如图3-7中建立在湖中的木栈道的宽度大小就应符合人所观赏的角度,比例不可太大。

↑ 图 3-7

7．质感与肌理

景观设计的质感与肌理主要体现在植被和铺地方面。如图3-8所示,不同的材质通过不同的手法可以表现出不同的质感与肌理效果,如花岗岩的坚硬和粗糙、大理石纹理的细腻、草坪的柔软、水体的轻盈。这些不同元素分别加以运用,有条理地加以变化,将使景观富有更深的内涵和趣味。

↑ 图 3-8

8．节奏与韵律

在音乐或诗词中按一定的规律重复出现相近似的音韵即称为韵律。韵律广义上讲就是一种和谐。节奏与韵律是景观设计中常用的手法,在景观的处理上,节奏包括:铺地中材料有规律地变化,灯具、树木排列中以相同间隔的安排,花坛坐椅的均匀分

布等。韵律是节奏的深化,园林绿化设计需要强调节奏感和韵律感。其节奏主要体现在:强弱、长短、疏密、高低、刚柔、曲直、方圆、大小、错落等对比关系的配合。节奏近似节拍,是一种波浪起伏的律动,当形、线、色、块整齐而有条理地重复出现,或富有变化地重复排列时,就可获得节奏感。(见图3-9)

↑ 图 3-9

9．轴线与对称

18世纪以前的西方古典园林景观都是沿中轴线对称展现。从希腊古罗马的庄园别墅,到文艺复兴时期意大利的台地园,再到法国的凡尔赛宫苑,在规划设计中都有一个完整的中轴系统。海神、农神、酒神、花神、阿波罗、丘比特、维纳斯以及山林水泽等到华丽的雕塑喷泉,放置在轴线交点的广场上,园林艺术主题是有神论的"人体美"。宽阔的中央大道,内有雕塑的喷泉水池,修剪成几何形体的绿篱,大片开阔平坦的草坪,树木成行列栽植。地形、水池、瀑布、喷泉的造型都是几何形体,全园景观是一幅"人工图案装饰画"。(见图3-10和图3-11)

↑ 图 3-10

园林作品增色,其表现手法有自由、陈列、旋转、放射、节奏等,不同点的排列会产生不同的视觉效果。在景观设计中,点除了表示位置之外,还可以体现形状和大小。它可以独立地构成形象。景观中的点,还可以是具体的景观元素,如造景元素:树,无论是孤植还是片植,都可以视为一个点。如置石、雕塑、花坛、建筑等在一定的条件下也可以看作是一个点。(见图 3-12)

⬆ 图　3-12

总体来说,西方古典园林的创作主导思想是以人为自然界的中心,大自然必须按照人的头脑中的秩序、规则、条理、模式来进行改造,以中轴对称规则形式体现出超越自然的人类征服力量,人造的几何规则景观超越于一切自然。造园中的建筑、草坪、树木无不讲究完整性和逻辑性,以几何形的组合达到数的和谐和完美,正如古希腊数学家毕达哥拉斯所说:"整个天体与宇宙就是一种和谐、一种数。"西方园林讲求的是一览无余,追求图案的美、人工的美、改造的美和征服的美,是一种开放式的园林,一种供多数人享乐的"众乐园"。

以上是景观设计中常采用的一些手法,但它们是相互联系且综合运用的,并不能截然分开。通过园林的设计手法展现的形象,所反映的情景使游赏者触景生情,产生情景交融的一种艺术境界。人们常说"见景生情",意思是有了实景才触发情感,也包括联想和幻想而来的情感。我们只有在了解了以上这些方法后,再加上更多的专业设计实践,才能很好地将这些设计手法熟记,并灵活运用于方案之中。

三、景观设计的构成形态

从以上介绍的景观设计方法中,我们进一步学习景观设计的构成形态:点、线、面、体及空间的运用。

1. 点

点是园林设计的重要组成部分,合理运用可为

2. 线

绿化设计中的线是指栽种的植物构成的线或是重新组合而构成的线,例如绿篱。线可分直线、曲线两种。线的运用是把绿化图案化、工艺化的基础,线的粗细可产生远近的关系。同时,线有很强的方向性,垂直线庄重有上升之感,而曲线有自由流动、柔美之感。神以线而传,形以线而立,色以线而明。(见图 3-13)

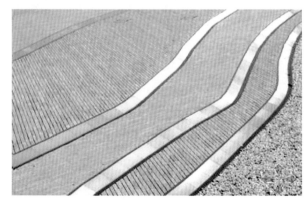

⬆ 图　3-13

3. 面

面主要指的是绿地草坪和各种形式的绿墙,它

是绿化中最主要的表现手法之一。面可以组成各种各样的形状,例如多边的、几何的,其表现形式非常丰富。面有规则的,如:圆形面、方形面、三角形面,还有根据这些最基本的规则形面衍生而成的不规则面。面是现代景观设计中应用最广泛的造型要素。(见图3-14)

✿ 图　3-14

4. 体

体是二维平面在三维方向的延伸。体有两种类型:实体与虚体,实体是三维要素形成的一个体,图3-15中应用大型的巨石塑造的景观便是实体;虚体是由其他要素围合而成。

✿ 图　3-15

5. 空间

空间是"物质存在的一种客观形式,由长度、宽度和高度表现出来"。被形态所包围、限定的空间为实空间,如图3-16所示。其他部分称为虚空间,虚空间是依赖于实空间而存在的,如图3-17所示,应用卵石铺设的圆形区域便是限定的虚拟空间。所以,谈空间不能脱离形体,正如谈形体要联系空间一样,它们互为穿插、透漏,形体依存于空间之中,空间也

要借形体作限定,离开实空间的虚空间是没有意义的;反之,没有虚空间,实空间也就无处存在。最常见的是建筑体,它包括墙、地面、屋顶、门窗等围成建筑的内部空间,以及建筑物与周围环境中的树木、山峦、水面、街道、广场等形成建筑的外部空间。

✿ 图　3-16

✿ 图　3-17

课后作业:找出几组环境景观中应用点、线、面的图例,并加以说明。

第二节　景观设计的基本程序

根据设计的进程,可以将景观设计分为四个阶段:调研与准备、方案设计、绘制施工图、施工阶段。

1. 调研与准备阶段

主要是会见客户,了解客户的喜好、需求以及预

计的投资,得到客户的主要信息;收集关于基地现状和特点的草图,包括住宅的平面图、地产勘测图等资料;基地资料分类记录于分析资料,包括对周边的居民区、交通设施、学校、购物超市等条件的分析与地形的勘测,了解基地位置、地形、排水、土壤、植被、天气等资料,得出我们基地的一些功能定位的必然性。这时候的设计就不一定是多样性的,可能就是推理出来只有一种解决方案和形式,以备设计时充分考虑。在调研与准备阶段主要的资料收集齐之后,就可以开始进入初步设计阶段了。一般来讲,从设想到总体再到具体,初步设计阶段应经过三个主要步骤。

功能图解(设想):安排地块空间上的主要功能空间,用图解符号表示出来,并示意它们之间的关系以及与住宅基地之间的关系。一般用圆圈来标明各个功能分区。

初步设计(总体):将松散的、不成熟的意图进一步理清,把徒手圆圈转变为有大致形状和特定意义的室外空间,以便与客户进行沟通。

主体规划(具体):是对初步设计的具体细化,方案更清晰明了。

2.方案设计阶段

方案设计阶段是在初步方案的基础之上,进一步分析、细化方案,在总体规划构思前,必须认真阅读业主提供的设计任务书、功能图解和基地分析,为全面了解任务书的要求和基地条件奠定基础,并在这个基础上布置相应的内容。这里要强调的是景观设计和建筑设计一样,最重要的在于空间的营造。

但与之不同的是,建筑通过墙体、屋顶、门窗来围合空间,景观则通过绿化、水景、墙体、铺装、竖向设立、地形及标高变化等来营造空间。空间最重要的在于其"空间的流动性"。要在你的设计中让空间流动起来,让人步移景异,时而高低起伏,时而峰回路转,时而先抑后扬,时而豁然开朗,空间在流动、在变化。

初步方案一旦确定,就必须完善设计方案,包括:平面、功能分区、道路分析、绿化种植、剖立面、透视图、鸟瞰图及小品意象图等,最后是文本的包装。

3.绘制施工图阶段

一旦方案征得客户的认可,便可以准备绘制各种指导施工人员施工的图纸,包括:施工放线图、地形图、种植图、施工细部、节点详图。这些图面应清楚地表现出设计内容的结构、尺寸、位置、颜色、材料、种类及色彩等。

4.施工阶段

进入施工阶段,设计人员应向施工单位进行设计意图说明及图纸的技术交底;由专业的队伍按照设计进行构筑物的建造和植物的栽培,工程施工期间需按图纸要求核对施工实况,有时还应根据实况进行图纸的局部修改与补充;施工结束后,应会同质检部门和建设单位进行工程验收。

本章课后作业:

收集你认为较好的景观设计作品,并用PPT编辑,做文字性的讲解,包括设计者、设计构思、设计方法、作品介绍等。

第四章
居住区环境景观设计

课程内容：庭院设计、屋顶花园及露台设计、小区景观设计。

学习目标：本章主要就小区景观设计做专题实训，通过学习和实训，要求学习者了解小区景观设计风格特色，了解景观设计方法，掌握构思、构图能力及设计实施的方案与内容，明确设计的程序与步骤。

训练目的：会应用所学知识设计方案表现图，能独立绘制出平面、剖面、扩初及效果图。

表现方式：通过手绘、电脑制图等形式进行设计图的表现与制作。

建议学时：理论12课时，实训36课时。

实训课题一 庭院设计

在培根的《论花园》中有这么一句话，"全能的上帝率先培植了一个花园。的确，它是人类一切乐事中最纯洁的。它最能愉悦人的精神，没有它，宫殿和建筑物不过是粗陋的手工制品而已。"从这句话中我们了解到从古至今人类对自己的居住场所的环境是多么的重视。

在本章中主要介绍庭院景观设计的方法、步骤，以便读者了解一个项目的始末。主要内容包括住宅基地的组成、设计原则，室外空间的环境设计风格特色，案例的分析等内容。

一、住宅基地的组成

对于近年来越来越多的单体别墅或联排别墅来讲，其住宅基地周围大致都有宽敞的草地和各式各样的植被。住宅建筑一般布置在基地的中央，自然会在其周围形成了前院和后院。

1．前院

前院一般是住宅的公共活动区。大多数住宅用地的前院有两个基本功能：它是从街道来观赏住宅的环境或前景；它是进入住宅及其入口的一个公共区域。

从景观学角度考虑，前院为街道欣赏住宅提供了一个"背景"。作为一个公共区域，它是住宅主人以及亲戚、朋友和其他拜访者进入住宅的重要通道。

2．后院

后院带有一定的私密性，是住宅用地中变化最多的地方。

后院的功能是容纳多种活动的场所，包括接待客人、休闲娱乐等。

但是从目前的情况来看，前院与后院的设计布置在景观设计上还有许多不足之处，如布置形式过于简单，私密性差，实用性低等特点，还需要设计者做更多的工作。

前院和后院总称为"庭院",庭院设计的重点在于室外空间的设计。空间是我们生活、学习、娱乐和交流的场所。因此,所有组成室外空间的基地元素如植物、人行道、墙体、围栏以及其他的结构,应被看做是有形元素来对室外空间进行限定。

这里所说的"空间"是用来形容由环境元素中的边线和边界所形成的三维的空间、场所或空洞。例如,室内空间是存在于所有建筑中的地板、墙体和天花板之间。同样,室外空间可以看成是由诸如地面、灌木、围墙、栅栏、树冠等环境中的有形元素围成的空间。室外空间可以采用一定的材料组织构成。良好的室外空间可以看成是室内空间的自然延伸,可以得到和室内空间一样的有效利用。我们可以将室外空间简化为地面、垂直面、顶面三个部分。在这三个部分界定的空间包含了人们精神意愿或下意识中应该具有的功能分区,如入口空间、娱乐空间、工作空间等。

一个成功的空间营造就是要采用合适的材质对地面、垂立面、顶面进行规划、安排。如地面可以采用不同色彩的地砖、草坪(地砖可以有不同的形状、大小、颜色;草坪可以有不同纹理等特点);垂立面的构成可以采用小乔木、栅栏或矮墙加藤类植物等;顶面则可以采用硕冠的乔木,凉亭、棚架、藤架等。总之结合色彩、质地、纹理等方面采用不同的元素,并加以适当地安排,可以成功地营造出人性化的室外空间。户外空间的使用对象可能是儿童、老人,也可能是访客等。不同的使用对象有不同的使用特点。我们了解了这些特点,在实际的项目设计时就会给客户提供有特色的设计方案。

二、设计原则

对于独立住宅(单体别墅)来讲,应该具备供人们集中、社交、娱乐、放松、休闲、进餐以及工作的室外空间。一个室外空间的设计就是对具备以上全部或部分功能空间的设计,就是在这个地面、垂立面、顶面界定的三维空间中进行创作。在这设计阶段其中我们还应该掌握哪些庭院景观的设计原则?

其一,设计力求简洁。

成功的设计秘诀就是简洁。太多的庭院显得杂乱无章,特别是在使用了许多种类的硬质材料后会更显凌乱。设计在很大程度上就是创造新的形式,综合处理不同的因素。无论在什么情况下,总体布局必须均衡稳定、协调统一。

其二,满足功能需求。

成功的设计必须满足使用要求,所以设计伊始就要弄清业主的需求。庭院应能创造出理想的地方就餐,款待亲朋,让孩子们尽兴。越来越多的人喜欢在院中吃饭、娱乐。我们可以设计一块硬地,配上家具,就成了室外就餐地,但需注意要有足够的空间让大家坐得舒服。

其三,确保维护简便。

对于大多数业主来说,维护简便是个很重要的问题。但是我们可以通过合理的设计,把庭院的维护工作量降至最低。硬地和种植用地之间要有一个合适的比例。同时选择一些修剪维护量小的植物栽植。

三、庭院设计风格

庭院景观的风格各异,从国内外历史发展的趋势来看,在本节中主要介绍以下几种,供大家参考。

(一)欧式庭院——因水景而有风情

设计理念:欧式庭院基本上可以说是规则的古典庭院,它非常庄严雄伟,而且蕴含丰富的想象力。其起源可追溯到古罗马时代。当时,法国人和意大利人设计的这种庭院闻名于世,从而吹响了回归古典的号角。尽管法国和意大利不同,但是它们之间的相似之处还是显而易见的。修剪整齐的灌木和纪念喷泉是这类庭园的主要元素;此外,庭园还是有足够空间来建造一些装饰物,如日晷、神龛、供小鸟戏水的柱盆、花草容器等。

(1)色彩和图案。这类庭园很少使用色彩,花坛里只种颜色单一的同种植物。植物大多为观叶类、灌木类和树木。花坛略带色彩，花草也用得十分稀少，每一个花坛四周都栽种黄杨，里面只种颜色单一的同类花草。

（2）铺地和材料。草皮路、碎石路，大理石、条形石块与方形石块相结合，如图4-1所示，同时石板间可镶嵌小鹅卵石、坐椅和构筑物。这类庭院的构筑物较复杂，比如有圆柱、雕像、凉亭、观景楼、方尖塔和装饰墙；其中活动长椅被广泛使用，通常由木料制成，或不上漆，或者涂上一层白漆，或涂上一层淡绿漆。

🔼 图　4-2

🔼 图　4-1

（3）特色和润饰。可以有日晷、供小鸟戏水的盆形装饰物、瓮缸和小天使，如图4-2所示；花盆等容器里种植着可修剪的植物，或放置古典装饰罐，白漆大木箱。粗糙的小壁龛是这类庭院的典型特色。

（4）植物。大多植物欧洲七叶树、梧桐、枫树、黄杨、松类大树、铁线莲以及郁金香等。在造园手法上对景观尺度和比例非常了解的基础上，把整个庭院的小径、林荫道和水渠分隔成许多部分；长长的台阶变换着景观的高度，使庭院在整体上达到和谐与平衡。花坛的中央摆放一个陶罐或雕塑周围种植一些常绿灌木，并修剪成各种造型。（见图4-3）

欧式庭院还可以细分为以下几类，供大家做参考，下面我们来了解下它们的特色。

🔼 图　4-3

1. 美式庭院

美国人自然的纯真朴实及充满活力的个性对园林产生了深远的影响力，造就美国充满了自由奔放的天性，他们对自然的理解是自由活泼的，现状的自然景观会是其景观设计表达的部分，自然热烈而充满活力，于是乎有森林、草原、沼泽、溪流、大湖、草地、灌木、参天大树等加入到景观必备的元素中。

2．德式庭院

德国的景观设计充满了理性主义的色彩,他们尊重生态环境,景观设计是从宏观的角度去把握规划,按各种需求功能并以理性分析进行设计,景观简约,反映出清晰的理念和思考简洁的几何形,体块的对比,按照既定的原则推导演绎,表现出严格的逻辑、清晰的观念,深沉内向,静穆自然中有更多的人工痕迹,自然与人工的冲突给人留下深刻的印象。

3．意式庭院

继承了古代罗马人的园林特点,采用了规整式布局而突出轴线,常沿山坡引出中轴线,开辟了层层的台地喷泉雕像等,植物采用黄杨或柏树组成花纹图案的树坛,突出常绿树而少用鲜花。庭院对水的处理极为重视,借地形、台阶修成渠道,高处汇聚水源并引放而下,形成层层跌落的水瀑,利用高低的落差压力,形成了各种形状的喷泉。他们有时将雕像安装在墙上,形成壁泉,作为装饰点缀的小品,并且形态多样,有雕镂精致的石栏杆、石坛罐和碑铭,以及以古典神话为题材的大理石雕像等,从而形成了很有自己风格的意大利台地式园林所必备元素:雕塑、喷泉、台阶、水瀑。

4．法式花园

法国园林受到意大利规整式台地造园艺术的影响,也出现了台地式园林布局,剪树植坛,建有果盘式的喷泉。但法国地势平坦,在园林布局的规模上显得更为宏大和华丽,采用平静的水池、大量的花卉。在造型树的边缘,以时令鲜花镶边,成为绣花式花坛,在大面积的草坪上以栽植灌木花草来镶嵌组合成各种纹理图案,其必备元素:水池、喷泉、台阶、雕像。

5．英式花园

设计理念:讲究园林外景物的自然融合,把花园布置得犹如大自然的一部分,称之为自然风景园,无论是曲折多变的道路,还是变化无穷的池岸,都需要天然的园林式建筑,建筑成了园林的附加景物,其必备元素:日晷、藤架、坐椅。

6．地中海式庭院——蓝色的气息

设计理念:地中海式庭园能唤起人们的一些鲜明意象,如雪白的墙壁、铺满瓷砖的庭园、陶罐中摇曳生姿的花卉等。它的基础色调源自风景和海景的自然色彩,石墙或刷漆的墙壁构成了泥绿色、海蓝色、锈红色的背景幕墙。园内有大小形状不一的花盆,是这类庭园的一个显著特征,这是因为那里夏季气候非常干燥。它遍及西班牙、葡萄牙、希腊及法国等。其中露天就餐的悠闲和纯朴的生活方式都反映在总体的庭院设计中。基本布局呈几何形状。一个成功的地中海风格庭院是两方面因素的结合,其一是不加修饰的天然风格;其二是对色彩、形状的细微感受。

（1）色彩和图案。泥绿色、海蓝色、锈红色和暗粉红色的背景幕墙,土色和褐红色的陶罐里常种植粉红或红色的花草。(见图 4-4)

↑ 图 4-4

（2）铺地和材料。地面材料可以选用未经打磨的粗糙石板,或是乡村风格的瓷砖。沙砾适用于一些比较休闲的场合,用来填充边沿和走动较少的地方。大块的鹅卵石可用来拼成曲折的线条和装饰小径路面。一般庭院和内院都铺有陶瓷砖、机制砖或石块。

（3）坐椅和构筑物。墙壁、栅栏、格子架、棚架和柱状物都可用来支撑攀缘植物，营造幽静阴凉的环境。坐椅上摆放一些具有传统色彩的软垫和垫木以取得柔和效果，如图4-5所示。木材、藤条和金属则是最受欢迎的装饰材料。在地中海风格的庭院中，陶罐是必不可少的装饰元素。

⚙ 图　4-5

（4）特色和润饰。院内各种形状和大小的花盆是地中海庭院的一个显著特征。

（5）植物。常见的植物有仙人掌等多肉植物和棕榈树，还有针叶类植物，此外无花果和葡萄也都是必不可少的。棚架是地中海庭院的典型特征之一，可种植一些攀缘植物如叶子花、凌霄和白色茉莉花等，这些都是地中海庭院的经典植物。

（6）造园手法。在庭院设计中，整体形状和布局至关重要，通过这两者把各种装饰元素组合在一起，从而影响着整体的观赏效果。为了达到这种既古典又时尚的效果，在材料的选择上十分重要。

（二）中式庭院——泼墨山水

设计理念：中国传统的庭院规划深受传统哲学和绘画的影响，甚至有"绘画乃造园之母"的理论，最具参考性的是明清两代的江南私家园林。中式庭院有三个支流：北方的四合院庭院、江南的写意山水及岭南园林；其中以江南私家园林为主流，重视寓情于景，情景交融，寓意于物，以物比德，人们把作为审美对象的自然景物看做是品德美、精神美和人

格美的一种象征。此时期私家园林受到文人画的直接影响，更重诗画情趣、意境创造，贵于含蓄蕴藉，其审美多倾向于清新高雅的格调。园景主体为自然风光，亭台参差、廊房婉转作为陪衬。庭院景观依地势而建，注重文化积淀，讲究气质与韵味，强调点面的精巧，追求诗情画意和清幽平淡、质朴自然的园林景观，有浓郁的古典水墨山水画意境。

（1）色彩和图案。色彩应用较中和，多为灰白色，如图4-6所示。构图上以曲线为主，讲究曲径通幽，忌讳一览无余。

⚙ 图　4-6

（2）构筑物。中式庭院讲究风水的"聚气"，庭院是由建筑、山水、花木共同组成的艺术品，建筑以木质的亭、台、廊、榭为主，月洞门、花格窗式的黛瓦粉墙起到或阻隔、或引导、或分割视线和游径的作用。假山、流水、翠竹、桃树、梨树、太阳花、美人蕉等是必备元素。

（3）铺地和材料。铺地材料采用天然石材、卵石，如图4-7所示。

（4）特色和润饰。浑然天成，幽远空灵。中式庭园讲究借景、藏露，变幻无穷。充满象征意味的山水是它最重要的组成元素，然后才是建筑风格，最后才是花草树木。

（5）植物。庭院植物有着明确的寓意和严格的位置。如屋后栽竹，厅前植桂，花坛种牡丹、芍药，阶前梧桐，转角芭蕉，坡地白皮松，水池栽荷花，点景用竹子、石笋，小品用石桌椅、孤赏石等，如图4-8所示。

图 4-7

图 4-8

（6）造园手法。"崇尚自然，师法自然"，在有限的空间范围内利用自然条件，模拟大自然中的美景，把建筑、山水、植物有机地融合为一体，使自然美与人工美统一起来，创造出与自然环境协调共生、天人合一的艺术综合体，并用中式庭院最具代表性的植物梅、兰、菊、竹作为庭院的设计主题，以此隐喻主人的虚心、有节、挺拔凌云、不畏霜寒的君子风范。常用"小中见大"的手法，造园时多采用障景、借景、仰视、延长和增加园路起伏等手法，利用大小、高低、曲直、虚实等对比达到扩大空间感的目的，产生"小中见大"的效果。

（三）日式庭院——洗练素描

设计理念：日本庭院源自中国秦汉文化，至今中国古典园林的痕迹仍依稀可辨，中国园林以模仿自然山水而闻名，而日本园林逐渐摆脱诗情画意和浪漫情趣，走向了枯、寂、佗的境界。日式庭园有几种类型，包括传统的把有细沙纹的禅宗花园、融湖泊、小桥和自然景观于一体的古典步行式庭园，以及四周环绕着竹篱笆的僻静茶园。也可以说是中式庭院一个精巧的微缩版本，细节上的处理是日式庭院最精彩的地方。此外，由于日本是一个岛国，这一地理特征形成了它独特的自然景观，较为单纯和凝练。

（1）色彩和图案。日式园林整体风格是宁静、简朴甚至是节俭的。它的色彩奇妙，里里外外都泛着灰色，而不是俗气的艳色，各种润饰也降到最低限度。

（2）铺地和材料。日式风格的庭院更注重地面的装饰，庭院中洋溢着一股生命的力量。木质材料，特别是木平台在日式风格的庭院中经常使用。在传统的日式风格的庭院中，铺地材料通常选用不规则的鹅卵石和河石，还有丹波石和大理石铺装，如图 4-9 所示。此外还有碎石、残木、青苔石组和竹篱笆。

图 4-9

（3）特色和润饰。一尊石佛像或石龛或岩石是这类风格不可少的，同时飞石、汀步和洗手的蹲踞及照明用的石灯笼是日本庭院的典型特征，如图 4-10

⊕ 图 4-10

所示。

（4）植物。应用常绿树较多，一般有日本黑松、红松、雪松、罗汉松、花柏、厚皮香等；落叶树中的色叶银杏、槭树，尤其是红枫、樱花、梅花及杜鹃等。在栽培容器方面，石器是比较传统的，可摆放在庭院中关键的位置，如图 4-11 所示。

⊕ 图 4-11

（5）造园手法。日本传统庭院中的真、行、草布局手法，则表示了由繁到简、由仿真到拟意的不同风格样式。庭院凭着对水、石、沙的绝妙布局，用质朴的素材，抽象的手法表达了玄妙深邃的儒、释、道法理，用园林语言来解释"长者诸子，出三界之火宅，坐清凉之露地"的境界。

（四）东南亚风格

东南亚庭院景观属"湿热型"热带园林景观的范畴，以东南亚资源丰富、多姿多彩的热带观赏植

物为特色，风格粗犷自然、休闲浪漫。但这样的庭院只能在与东南亚地区气候接近的福建、广东等地区实施。

庭院道路铺装选材应以天然的石材、原木铺装，例如青石板、黄麻石、沙砾、鹅卵石等感觉原始朴实的材料，用天然材料表现出庭院粗线条的质朴感觉，经济实惠也容易实施。多层次、多品种栽种热带植物，将棕榈科、香蕉类、蕨类、观花类植物按高低不同的层次和景观效果布置在庭院之中，可以生动地演绎东南亚庭院的独特神韵，使人漫步其中，在视觉、味觉和听觉等方面都感受到自然的张力。

庭院的水景是精彩所在，庭院中必不可少的是大面积水景。如图 4-12 所示，可以建造休闲泳池和舒适的 SPA 泡池，建造时将两者设置成高低不同的地势关系，这样 SPA 池中的水就可以跌入泳池中，增加了娱乐性和观赏性。可以在泳池和 SPA 池的边缘处，摆放青色或黄色的自然山石，让它们在水的冲刷下更加亲近自然，回归于自然。泳池周边的地面铺装可选择沙土色系的压花混凝土或砂岩铺装，安全防滑，美观大方。

⊕ 图 4-12

同时打造休闲空间，泳池周边除栽种大量植物外，可建造一个原木搭建的亭式构筑物，用来观景或休息之用。石雕或木雕也是东南亚风格的点睛装饰。这些景观元素将帮助塑造出东南亚居住风情和巴厘岛原汁原味的生活气息。休闲空间的打造应以多层次、多角度、多视点展开，做到移步换景，让人在美景中享受闲适和乐趣，如图 4-13 所示。

图 4-13

（五）现代风格——简约之美

设计理念：现代主义风格体现的是一种简约之美。现代风格的庭院最适宜建造在 20 世纪末建造的建筑的周围。当然任何建筑，只要不是很典型的规则风格，都可以配合现代风格的庭院。

（1）色彩和图案。在色彩方面或艳丽多彩，或朴实自然，如图 4-14 和图 4-15 所示。构图灵活简单；在形状方面，主要是简单的长方形、圆形和锥形，既美观大方，又不乏实用性。

图 4-14

图 4-15

（2）铺地材料。石块、鹅卵石、木板、用水泥和混凝土浇筑成各种诱人的外形并用于地面。钢材、不锈钢、水泥、混凝土及经过镀锌处理的材料，包括光亮表面的锈色效果以及镀锌表面为主要材料，还有玻璃和钢丝的应用。

（3）构筑物。现代风格的庭园属于简约主义的庭院，强调简单的形式，材料都是经过精心选择的高品质材料。此外，凉亭、廊架、矮墙、创意雕塑品等是这类庭院的主要元素，如图 4-16 所示。同时也可以加入一些天然的元素，例如石块、鹅卵石、木板和竹子等。

图 4-16

（4）植物。植物能够起到柔化坚硬的建筑材料的作用，垂直高大的植物在结构和形象上效果非常好。在现代风格的庭院中经常运用高大、狭长的线条来同低矮的具有雕塑风格的植物达到视觉上的平衡。可选用竹子、新西兰亚麻、丝兰及肉质长生草等。

（5）特色和润饰。它主要是通过新材料的引用，质感的不同，小品色彩的大胆对比，简单抽象元素的加入等，突出庭院的新鲜、时尚、超前感。

四、庭院设计案例

（一）海跃庭院设计

图 4-17 和图 4-18 所示为海跃庭院的原始环境图，根据业主的要求，要对凸窗、庭院、门廊、草坪等地方进行改造设计，庭院中建个尽可能大的水池，拥

有自动蓄水功能。设计者首先解决泳池的问题,如图 4-19～图 4-21 所示,水池定点 45°角方位设计,开辟了挑战几乎所有设计的解决方案。在这个角度,游泳池为 36 英尺长、18 英尺宽,留点空间作为晒太阳的地方,可以考虑加入一些庭院的感觉。

↑ 图 4-17

↑ 图 4-18

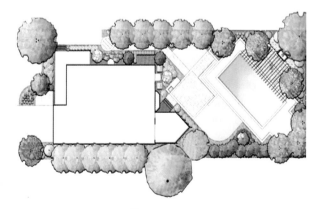

↑ 图 4-19

从平面布置图来看,游泳、铺地、廊架的修建所成的角度在构图上与建筑的凸窗的一边形成相对的平行,这也许就是设计者构思时的依据。大家可以

尝试画个圆形或者是呈 90°的长方形,与此方案做对比,就知道哪种方案占优势了。

下面就要依据泳池定位设计其他项目,分别有一个棚架式门廊、壁炉、烧烤站、露台餐厅、与水池毗邻的遮光区、花园绿地和宠物玩耍的草坪。在布局中烧烤位置设在一角,烤架被放置在一端,毗邻一个大的餐厅露台,草坪拥有曲线美,种植的特点是每个季节都有鲜花盛开,如图 4-22 所示。其次还有棚架式的长廊,长廊有足够的空间用做进餐区和休息区,如图 4-23 和图 4-24 所示。还有很多细节:石头墙和地铺图案中都铺满了 2 英尺厚的石板,墙壁顶部、柱子搭成的盖、定做的栅栏等。在排水方面通过一系列的排水井和泡沫盒,积水能够从固定的斜坡边上排出。方案中也有从后面排入水的设计。根据自然地形,设计师通过增加水池面积,重新规划周围的水。这些解决方案使我们能够充分发挥创造力,水池、露台、餐厅和鲜花簇拥的草坪,就是你所看到的景观,如图 4-25 所示。

↑ 图 4-20

↑ 图 4-21

⬆ 图 4-22

⬆ 图 4-23

⬆ 图 4-24

⬆ 图 4-25

（二）北京香格里拉饭店庭院景观设计

住过北京香格里拉饭店的人，一定都不会忘记建筑环拥的一方精致院落。在那里，幽雅的亭台，娴静的园林，浮游于碧水微澜的白羽水鸟，将中国古典的诗情画意存留于水石草树，为久居闹市的人们营造出一片休憩喘息的宁静之地。（见图 4-26）

1．主要指标

绿化面积：5010m²

绿地面积：3500m²

水面面积：原有 535m²

　　　　新建：155m²

铺装面积：360m²

建筑面积：460m²

2．设计内容（见图 4-27）

（1）香巴拉茶座景区环境

由富有特色的铺地、装饰花钵、灯饰形成大堂的出口环境，通过植栽的搭配，形成一个视线通透、四季常绿、温馨自然的室外消费环境。

（2）桃源香溪景区环境

保留现状中式亭廊、自然水溪，以现状地形及植栽为基础，大量增加中低层植物（介于大乔木与草坪之间的小乔木、灌木及地被），突出茂密的、错落有致的、层次感强的植栽效果。

（3）和枫雅亭景区环境

以婚庆为主题的木亭为主体，配以大树林荫，地形微起伏，清新自然的大草坪，组合成共享的环境空

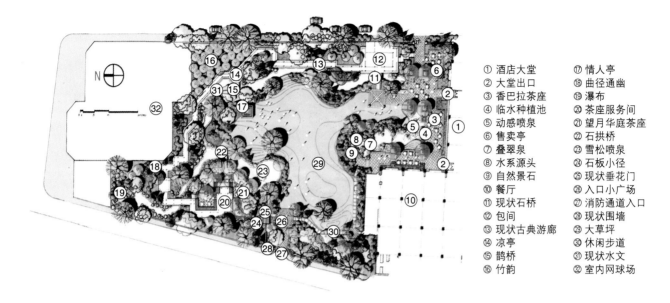

① 酒店大堂	⑰ 情人亭
② 大堂出口	⑱ 曲径通幽
③ 香巴拉茶座	⑲ 瀑布
④ 临水种植池	⑳ 茶座服务间
⑤ 动感喷泉	㉑ 望月华庭茶座
⑥ 售卖亭	㉒ 石拱桥
⑦ 叠翠泉	㉓ 雪松喷泉
⑧ 水系源头	㉔ 石板小径
⑨ 自然景石	㉕ 现状垂花门
⑩ 餐厅	㉖ 入口小广场
⑪ 现状石桥	㉗ 消防通道入口
⑫ 包间	㉘ 现状围墙
⑬ 现状古典游廊	㉙ 大草坪
⑭ 凉亭	㉚ 休闲步道
⑮ 鹊桥	㉛ 现状水文
⑯ 竹韵	㉜ 室内网球场

⬆ 图 4-26

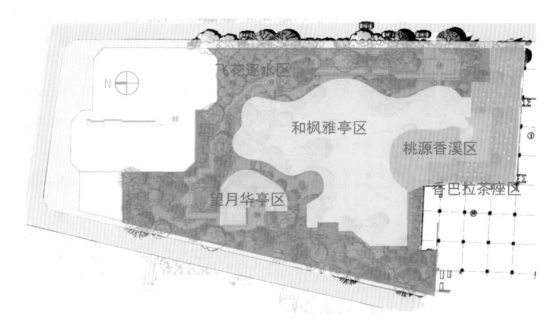

⬆ 图 4-27

间,形成视觉的焦点,使环境具有参与和亲和力。

（4）望月华庭景区环境

将现有冬亭与溪流进行改造结合现有地形、结合种植、铺地,改造成自然、安静怡人的休息空间。

（5）飞花逐水景区环境

水溪由涌泉跌落形成三层小落差的流动水景,周边绿色植栽为背景,其间桃红柳绿,色彩艳丽,配以漂浮在水中的水生植物——睡莲,形成了一幅美妙生动的酒店大堂景观。

3. 路线分析

谈到路线分析,大家可以了解周边居住及生活工作环境中的道路宽度尺寸,图 4-28 中红色虚线表示主要交通要道,一般在园区中设置 4～6m,蓝色为次交通要道一般设置 2～3 m,在次干道内还有最小的园路可以设置为 1.2 m。

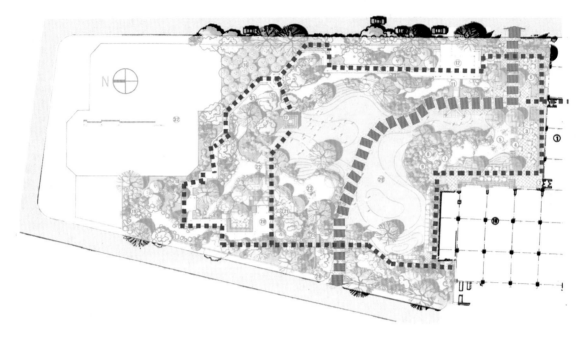

❂ 图 4-28

4．设计特色

（1）竖向设计

香巴拉茶座景区根据园林设计所的庭院设计图册,通过台阶及水位落差来处理落差的变化,如图 4-29 和图 4-30 所示。桃源香溪景区,保留原有微起伏地形,为了完美地体现水体与驳岸的处理、现有水位与抬高水位（由原来 52.80 改为 53.00）。

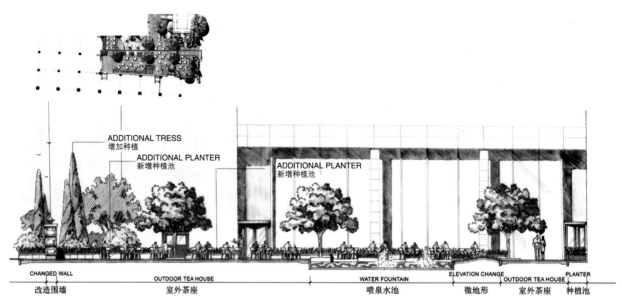

香巴拉茶座景区剖面图

❂ 图 4-29

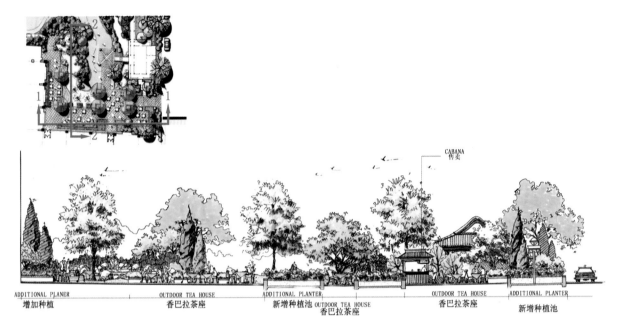

香巴拉茶座景区剖面 1-1

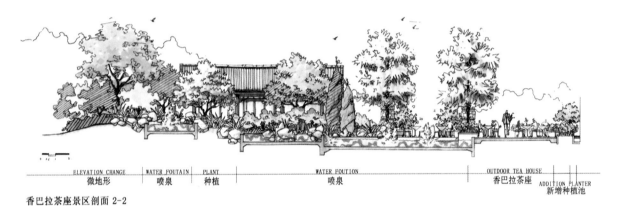

香巴拉茶座景区剖面 2-2

图 4-30

（2）铺地设计

铺装种类多样化，主要采用卵石、防腐木、花岗岩等。大堂出口处以灰色系花岗岩配以原色木材、卵石铺装，园内小广场以各色花岗岩碎拼为主。望月华庭以卵石为主，营造精致空间。

（3）种植设计

适地生长的多种耐阴植物、水生植物、地被植物、常绿植物，形成多层次的配植效果，突出低矮灌木和修剪植物的成片群植以及树林草地的景观效果，体现方案构思。创造出一种轻松愉快、山水相依、疏密有致、地形起伏、景色优美的室外环境，通过植物造景构成春夏秋冬三季有花、四季常青的人居环境。桃源香溪区景观效果如图 4-31 所示。

（4）水景及给排水设计

① 水溪由涌泉跌落形成三层小落差的流动水景，如图 4-32 所示。

② 水池水质处理：a. 增加瞬间流水量，通过水流带走一部分沉淀物；b. 通过水生植物吸收部分菌类；c. 循环水增加过滤设备，定期对景观水处理；d. 水池的池壁及池底选用易清洗、不易存留脏物的面材；e. 增加后期维护。

⬆ 图 4-31

⬆ 图 4-32

③ 提供绿化给水管线图,布置绿化浇树点。

④ 大堂前利用原有的排水沟进行改造,铺设卵石,结合设计新的排水沟,形成园区的硬地排水系统,以利雨水收集。绿地的排水通过地表自然渗透的方式解决。

⑤ 通过对水系统加热处理,达到四季水系流动的效果。

（5）灯光设计

注意灯与景观小品、水景、树木、建筑的结合,如图 4-33 所示。

（6）室外家具设计

配合大堂及庭院景观，配置室外阳伞、休闲坐椅、成品售卖亭及花钵成品，如图 4-34 所示。

实训项目：

① 实地考察一个优秀示范小区，写一份调查报告。

② 参考下面的某小区平面布局图（见图 4-35），按一定的比例绘制出新的平面方案图，分别绘制在 A3 的绘图纸上，并选择最佳角度，绘制出剖面图 2 张、扩初图 2 张、效果图 1 张。

③ 本实训项目设计完成后，将调查报告与本小区庭院方案的设计构思、设计方法、设计风格、过程与步骤的图例与文字编写入实训报告书中。

☯ 图 4-33

☯ 图 4-34

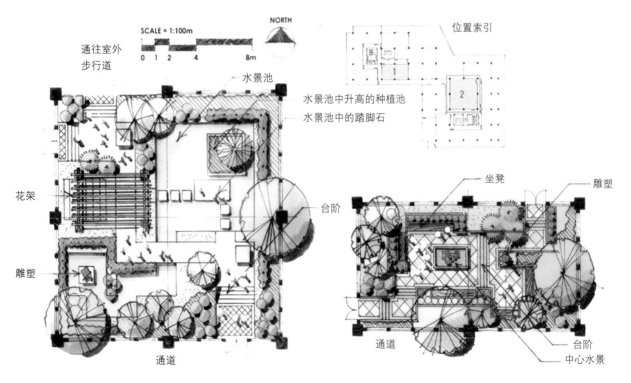

☯ 图 4-35

实训课题二　屋顶花园及露台设计

一、了解屋顶花园

屋顶花园（包括屋顶绿化、空中花园）建设是随着城市密度的增大和建筑的多层化而出现的，是城市绿化向立体空间发展，拓展绿色空间，扩大城市多种自然因素的一种绿化美化形式。

（一）屋顶花园建设的意义

屋顶花园建设的意义在于：为市民创造一个更具新意的活动空间，增加城市自然因素、绿化覆盖率，美化环境，达到保护和改善城市环境，健全城市生态系统，促进城市经济、社会、环境的可持续发展。同时，屋顶花园能陶冶人们的情操，树立良好的城市形象。

（二）屋顶花园设计的基本原则

屋顶花园融建筑技术和绿化美化为一体，突出意境美。重要手段是巧妙利用主体建筑物的屋顶、平台、阳台、窗台和墙面等开辟园林场地，充分利用园林植物、微地形、水体和园林小品等造园因素，采用借景、组景、点景、障景等造园技法，创造出不同使用功能和性质的园林景观，如图4-36～图4-38修建的屋顶花园不但可以聚餐、休闲，还可以烧烤。

其设计的基本原则如下。

（1）经济实用：合理、经济地利用城市空间环境，始终是城市规划者、建设者、管理者追求的目标。屋顶花园除满足不同的使用要求外，应以绿色植物为主，创造出多种环境气氛，以精品园林小景新颖多变的布局，达到生态效益、环境效益和经济效益的结合。

（2）安全科学：屋顶花园的载体是建筑物顶部，必须考虑建筑物本身和人员的安全，包括结构承重和屋顶防水的安全使用，以及屋顶四周防护栏杆的安全等。由于与大地隔开，生态环境发生了变化，要

↑ 图　4-36

↑ 图　4-37

↑ 图　4-38

满足植物生长对光、热、水、气、养分等的需要，必须采用新技术，运用新材料。

（3）精致美观：选用花木要与比拟、寓意联系

在一起,同时路径、主景、建筑小品等位置和尺度,应仔细推敲,既要与主体建筑物及周围大环境协调一致,又要有独特新颖的园林风格。不仅在设计时,而且在施工管理和选用材料上应处处精心。此外,还应在草地、路口及高低错落地段安放各种园林专用灯具,不仅起照明作用,而且作为一种饰品可增添美感和情调。

(4)注意系统性:规划要有系统性,克服随意性,运用园林"美学"统一规划,以植物造景为主,尽量丰富绿色植物种类,同时在植物的选择上不单纯为观赏,要模拟自然。选择的园林植物抗逆性、抗污性和吸污性要强,应易栽、易活、易管护。同时以复层配置为模式,提高叶面积指数,保证较高的环境效益。

二、屋顶花园设计

假山、水池、亭、廊虽然是屋顶园林造景的重要部分,但应以树木花卉为风景主题,各类树木、花卉、草坪等所占的比例应在 50% ~ 70%。常用植物造景形式的设计有以下几种。

1.乔灌木的丛植、孤植

植株较小的观赏乔木以及灌木、藤木,不仅是园林艺术的骨骼,更是改善大气环境质量的主角。所以乔灌木应是屋顶园林中的主体,其种植形式要讲究,以丛植、孤植为主,与大地园林讲究"亭台花木,不为行列"而突出群体美不同。丛植就是将多种乔、灌木种在一起,通过树种不同及高矮错落的搭配,利用其形态和季节变化,形成富于变化的造型,来表达某一意境,如玉兰与紫薇的丛植等。孤植则是将具有较好的观赏性和优美姿态,花期较长且花色俱佳的小乔木,如海棠、腊梅等,单独种植在人们视线集中的地方。

2.花坛、花台设计

在有微地形变化的自由种植区建花坛、花台。花坛采用方形、圆形、长方形、菱形、梅花形等,可用单独或连续带状,也可用成群类型。所用花草要经

常保持鲜艳的色彩与整齐的轮廓。多选用植株低矮、株形紧凑、开花繁茂、色系丰富、花期较长的种类,如报春、三色堇、百日草、一串红、万寿菊、金盏菊、四季海棠、郁金香、风信子、矮牵牛等。而花台,是将花卉栽植于高出屋顶平面的台座上,类似花坛但面积较小。也可将花台布置成"盆景式",常以松、竹、梅、杜鹃、牡丹等为主,并配以山石小草。

3.花丛及草坪

以树丛、绿篱、矮墙或建筑小品作背景的带状自然式花卉配置。花径的边缘,依屋顶环境地段的不同,可以是自然曲线,也可以采用直线,而各种花卉的配置是自然混交。草坪种植可以"见缝插绿"或在丛植、孤植乔灌木的屋面铺设,起到点缀作用;面积够大也可单独成景,以形成"生物地毯",如图 4-39 所示。

↑图　4-39

4.水景的设计

水景是屋顶花园必不可少的元素,但应点到为止。有水的花园水景设计关键有两点,即动水要细,静水要浅。屋顶花园喷水的点状布置主要是喷泉的设计。通常在屋顶花园中将水景与墙体结合起来。具体方法是将喷头安装在装饰过的外墙的适当位置,其下建立一个小型水池,水池中可置鹅卵石,可零星点缀水生植物,如图 4-40 所示。所谓的动水要细,是指不论是流水还是跌水,都可以设计成线形。需要注意的是,设计时都应与周围的环境协调统一,包括建筑、山石和绿化等。线形的流水设计只能应

景观设计

用于大型且承重能力较高的屋顶花园设计中,但在家庭式的屋顶花园设计中并不多见。一般情况下,屋顶平面没有太大高差,人工营造的高差会对屋顶产生较大的荷载,因此跌水的运用在屋顶花园的设计中受到一定的限制。

图 4-40

静水设计多见于面和线的形态。线型的水景多以曲线的形式出现,如图 4-41 所示。可以通过水底的处理来增强效果,比如铺设卵石或五彩石等。面型的水景一般设置在花园的中心观赏区。为了景观效果,会种植一些水生植物以加强水面层次和增添自然趣味。

图 4-41

5. 几个技术问题的解决

屋顶园林是一种特殊的园林形式,它是以建筑物顶部平台为依托,进行蓄水、覆土并营造园林景观的一种空间绿化美化形式。因此,在屋顶园林的

设计与施工中,还应解决好以下几方面的特殊技术问题。

(1)减少荷载问题:荷载是衡量屋顶单位面积上承受重量的指标,是建筑物安全及屋顶园林成功与否的保障。用于园林造景的屋顶应采用整体浇筑或预制装配的钢筋混凝土屋面板作结构层,有条件者,可用隔热防渗透材料制成的"生态屋顶块"。一般情况下,要求提供 350kg/m² 以上的外加荷载能力。同时在具体设计中,除考虑屋面静荷载外,还应考虑非固定设施、人员流动、外加自然力等因素。为了减轻荷载,应将亭、廊、花坛、水池、假山等重量较大的景点设计在承重结构或跨度较小的位置上,同时尽量选择人造土、泥炭土、腐殖土等轻型材料。

(2)防水设施及排水系统:在满足承重要求之后,应对整个屋顶进行防漏处理,其防水层处理应采用复合防水设施,即设置涂膜防水层和配筋细石砼刚性防水层两道防线。涂膜防水层应用无纺布做一布二涂或二布六涂,在此基础上做刚性防水层,刚性防水层与屋面防水必须一次做成,以保证其防水质量。涂膜防水层施工完毕后,还应进行一次防水试验。同时,在实施屋顶园林施工中,不管何种设施均不得打开或破坏屋面的防水层或保护层。紧接着就是设置完善的排水系统,除溢水孔、天沟外,还应设置出水口、排水管道等,满足日常排水及暴雨时泄洪的需要,并做好定期清洁、疏通工作。

(3)路径建设:路径的设计也很有学问,一般路径宽 50～70cm,弯弯曲曲的路径将把整个屋顶面分割成若干大小不等的区域。路径的路基可用 6cm 宽的砖砌成,每隔 1.5m 左右砌留贴地暗孔道排水,暗孔宽约 7～8cm。用水泥砂浆作为路基,在路基上铺贴鹅卵石,使小路呈古朴风味。此外,有些屋顶面的落水管、排水管等与园林气氛极不协调,可用假山石将其包藏起来,也可用雕塑手法把它裹塑成树干状等。

屋顶园林是加快城市绿化发展、促进城市环境保护的重要途径。我们要科学、合理、规范地进行城市屋顶园林建设,提高城镇园林绿化覆盖率,改善居住环境,美化家园,造福大家。

6．案例展示

　　红鼎公寓屋顶花园设计，如图 4-42 所示，整体设计构思以休闲木平台、特色景观水池、绿化为要素，建立特色景观区域，在构图方面以旋转约 45° 的椭圆形作为构成形态，将木平台对称分割于左右两边，中间以一条水景镶嵌其中，打破整形圆的概念。铺砖方向是倾斜的角度铺设，在铺设的材质方面主要以花岗岩为主，细部搭配卵石。在绿化方面小乔木与灌木相搭配，让整体环境清新怡人。在纵向的剖面图中（见图 4-43），我们可以清楚地了解到其楼层与地形的落差。

　　课后练习：如图 4-44 和图 4-45 分别是不同的两套屋顶花园方案设计，请进行对比，说出它们的优点及不足之处，并加以改进。

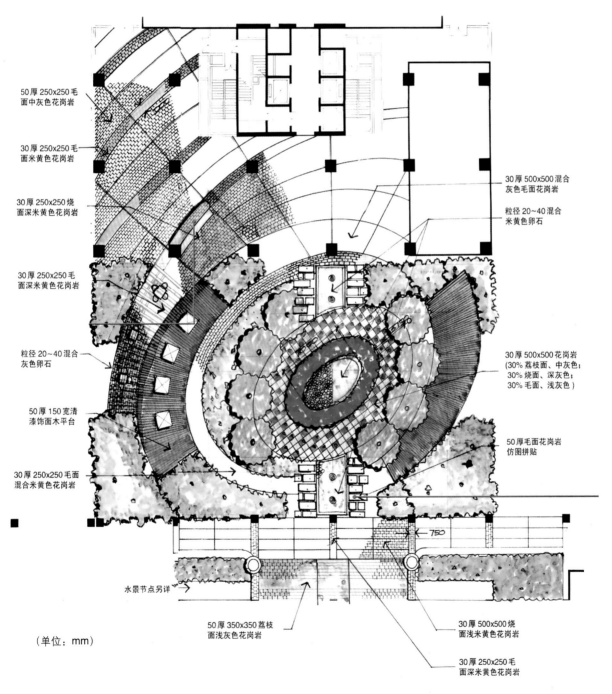

50 厚 250×250 毛面中灰色花岗岩

30 厚 250×250 毛面米黄色花岗岩

30 厚 250×250 烧面深米黄色花岗岩

30 厚 250×250 毛面深米黄色花岗岩

粒径 20~40 混合灰色卵石

50 厚 150 宽清漆饰面木平台

30 厚 250×250 毛面混合米黄色花岗岩

30 厚 500×500 混合灰色毛面花岗岩

粒径 20~40 混合米黄色卵石

30 厚 500×500 花岗岩
（30% 荔枝面、中灰色；
30% 烧面、深灰色；
30% 毛面、浅灰色）

50 厚毛面花岗岩仿图拼贴

750

水景节点另详

50 厚 350×350 荔枝面浅灰色花岗岩

30 厚 500×500 烧面浅米黄色花岗岩

30 厚 250×250 毛面深米黄色花岗岩

（单位：mm）

🔆 图　4-42

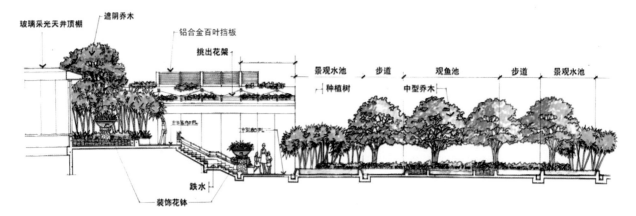

玻璃采光天井顶棚　遮阴乔木　　　铝合金百叶挡板
　　　　　　　　　　　　　　挑出花架　　　景观水池　步道　　观鱼池　　步道　景观水池
　　　　　　　　　　　　　　　　　　　种植树　　　中型乔木

跌水
装饰花钵

图　4-43

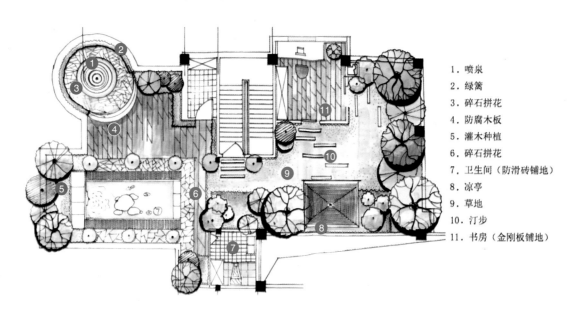

1．喷泉
2．绿篱
3．碎石拼花
4．防腐木板
5．灌木种植
6．碎石拼花
7．卫生间（防滑砖铺地）
8．凉亭
9．草地
10．汀步
11．书房（金刚板铺地）

图　4-44

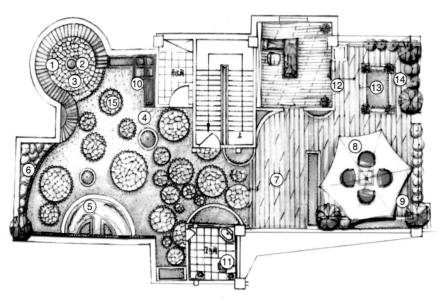

1．木坐椅
2．花钵
3．陶瓷马赛克铺贴
4．草地
5．水景
6．花坛
7．防腐木平台
8．遮阳伞
9．灌木
10．种植槽
11．卫生间
12．书房
13．种植槽
14．小乔木

图　4-45

三、露台设计

提到露台大家也许会与阳台相混淆，其实它们是有明显区别的。

露台：一般是指住宅中的屋顶平台或由于建筑结构需求而在其他楼层中做出大阳台，由于它面积一般均较大，上边又没有屋顶，所以称作露台，如图 4-46 所示。

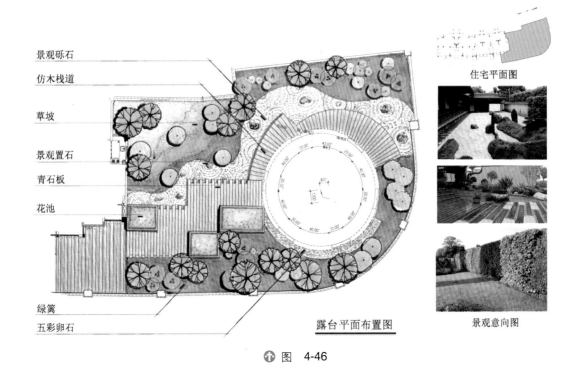

景观砾石
仿木栈道
草坡
景观置石
青石板
花池

绿篱
五彩卵石

露台平面布置图

住宅平面图

景观意向图

图　4-46

阳台：泛指有永久性上盖、有围护结构、有台面、与房屋相连、可以活动和利用的房屋附属设施，供居住者进行室外活动、晾晒衣物等的空间。根据其封闭情况分为非封闭阳台和封闭阳台；根据其与主墙体的关系分为凹阳台和凸阳台；根据其空间位置分为底阳台和挑阳台。

下面再进一步说明一下阳台和露台的概念。专家们认为："阳台是从房间分离出去的一部分，有顶盖，且顶盖的高度不超过一个楼层的高度；而露台是直接对着天空的，没有柱子，没有顶盖，或顶盖的高度超过一个楼层的高度。"当露台是为每套房独立设置的，即每套房向露台开门，且各套房的露台不连通，这时设有露台的每套房计一阳台的建筑面积，按上一层阳台水平投影面积的一半计算建筑面积，露台的其余部分不计建筑面积。若露台非为每套房独立设置的而是连通为公用时，整个露台（公用露台）不计建筑面积。当公用露台的上一层对应设有走廊，走廊水平投影仍小于露台且无柱，则设有露台的楼层仍应计算相当于上一层走廊的水平投影面积一半的建筑面积。住宅楼的第一层（地面）对应于上一层的阳台部分，须有围护结构和第一层向其开门才计第一层的阳台建筑面积。房屋最高一层的阳台未设盖板的，视为露台，不计建筑面积；若设盖板的宽度不大于 0.6m 的，该阳台不计建筑面积；若所设盖板宽度大于 0.6m 但小于阳台的围护结构时，阳台面积按上盖水平投影面积的一半计算建筑面积。一栋房屋的上、下层凸阳台水平投影线不重叠时（即左右错开），当重叠部分的长度大于 0.6m 的，按重叠部分的一半计算阳台建筑面积；当重叠部分的长度不大于 0.6m 时，该阳台视为无盖，不计建筑面积。一栋楼中个别楼层不设阳台或隔层设置阳台，这时的下一层阳台的上盖高度超过一个楼层，则该阳台视为露台而不计算建筑面积。当有些复式结构的房屋，每套只在"复上"房设有盖阳台，阳台上盖至上一套的阳台底板之间的高度未超过一个楼层而形成的一个类似有盖阳台，并且也无任何房间向其开门，则该建筑空间不计建筑面积。

观察下面某小区住宅楼的露台设计。

一般露台以青石板、花岗岩、防腐木平台等硬质铺装为主,加以特色水景与绿化来营造空间感,让人感觉很亲近自然,可达到休闲、放松心态的目的。(见图4-47、图4-48)

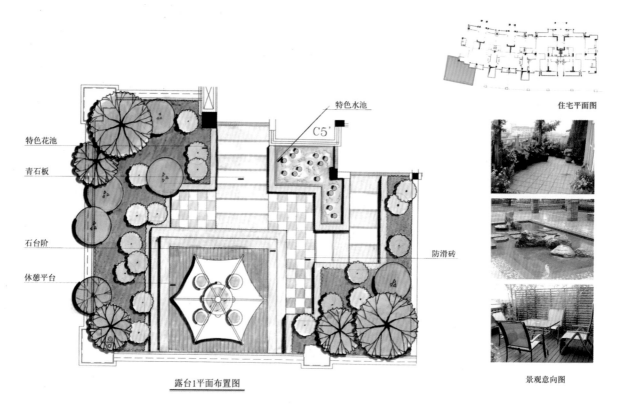

图 4-47

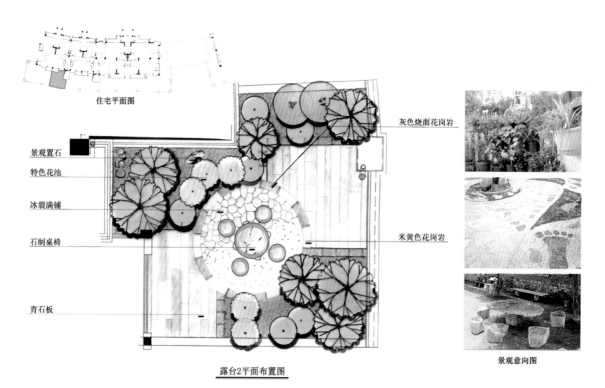

图 4-48

实训项目：

屋顶花园、露台项目的设计。

要求：

（1）实地考察某小区屋顶花园，测量出具体尺寸，将平面草图绘制出来。

（2）平面方案应有合理的构思及构图。

（3）绘制出相应的剖面图、透视及场景效果图各 1 张。

（4）设计完成后将调查报告与本方案的设计构思、设计方法、设计风格、过程与步骤的图例与文字编写入实训报告书中。

实训课题三　小区环境景观设计

居住区规划是在城市详细规划的基础上，根据计划任务和城市现状条件，进行城市中生活居住用地综合性设计的工作。它涉及使用、经济、安全、卫生、施工、美观等多方面的要求，综合解决各种功能之间的矛盾，为居民创造一个适用、经济、美观的生活居住用地条件。本章在介绍居住区的景观设计需要注意的要点和方法的基础上结合实际方案加以说明。

一、居住区基本组成

居住区规划的各项内容从工程角度分为室外工程和室内工程，但是最终都要落实到具体的用地上。因此，一般的居住区组成指的是居住区的用地组成。

居住区用地组成方面表现为以下方面。

（1）住宅用地

住宅用地指居住建筑基地占有的用地及其前后左右要留出的一些空地（住宅日照间距范围内的土地一般列入居住建筑用地），其中包括通向居住建筑入口的小路、宅旁绿地、杂务院等。

（2）公共服务设施用地

公共服务设施用地指居住区各类公共用地和公用设施建筑物占有的用地及其周围的专用地，包括专用地中的通路、场地等。

（3）道路用地

道路指居住区范围内的不属于住宅用地和公共服务设施用地内的道路的路面以及小广场、停车场等。（见表 4-1）

表 4-1　居住区道路宽度

道路名称	道 路 宽 度
居住区道路	红线宽度不宜小于 20m
小区道路	路面宽 6 ～ 8m，符合消防通道的要求，采暖区不宜小于 14m，非采暖区不宜小于 10m
组团道路	路面宽 3 ～ 5m，建筑控制线之内的宽度，采暖区不宜小于 10m，非采暖区不宜小于 8m
宅间小路	路面宽度不宜小于 2.5m
园路	不宜小于 1.2m

（4）绿地

居住区绿地指居住区公园、小游园、运动场、林荫道、小块绿地、成年人休息和儿童活动场地等。居住区公共绿地设置根据居住区不同的规划,组织结构类型设置相应的中心公共绿地,包括居住区公园（居住区级）、小游园（小区级）和组团绿地（组团级）,以及儿童游戏场和其他的块状、带状公共绿地等,如图4-49所示。

↑ 图 4-49

二、居住区景观设计要求与原则

随着社会的不断进步,人们对居住区景观的要求不断提高,进而影响到开发商和设计师对住区景观的设计有着更高的追求。在居住区的基本组成、规模等内容的基础上,我们以居住区（包括居住区级、小区级和组团级）的公共服务设施用地为点或面,以各级道路为线来表示,采用景观设计的手法和素材,对住区景观规划设计的要求、原则、方法以及近年来景观设计的新趋势等内容进行介绍。

（一）居住区景观的规划设计要求

（1）强调环境景观的共享性

这是住房商品化的特征,应使每套住房都获得良好的景观环境效果,首先要强调居住区环境资源的共享,在规划时应尽可能地利用现有的自然环境创造人工景观,让所有的住户能共享这些优美环境;其次要强化围合功能强、形态各异、环境要素丰富、安全安静的院落空间,达到归属领域良好的效果,从而创造温馨、朴素、祥和的居家环境。

（2）强调环境景观的文化性

崇尚历史、崇尚文化是近来居住景观设计的一大特点,开发商和设计师开始不再机械地割裂居住建筑和环境景观,开始在文化的大背景下进行居住区的规划,通过建筑与环境艺术来表现历史文化的延续性。

（3）强调环境景观的艺术性

20世纪90年代以前,"欧陆风格"影响到居住区的设计与建设,曾盛行过欧陆风情式的环境景观。90年代以后,居住区环境景观开始关注人们不断提升的审美需求,呈现出多元化的发展趋势,提倡简洁明快的景观设计风格。同时环境景观更加关注居民生活的舒适性,不仅为人所赏,还为人所用。创造自然、舒适、亲近、宜人的景观空间,是居住区景观设计的又一趋势。

(二)规划设计原则

在居住区环境景观设计导则中指出,居住区环境景观设计应坚持以下原则。

(1)坚持社会性原则

赋予环境景观亲切宜人的艺术感召力,通过美化生活环境,体现社区文化,促进人际交往和精神文明建设,并提倡公众参与设计、建设和管理。

(2)坚持经济性原则

顺应市场发展需求及地方经济状况,注重节能、节材,注重合理使用土地资源。提倡朴实简约,反对浮华铺张,并尽可能采用新技术、新材料、新设备,达到优良的性价比。

(3)坚持生态原则

应尽量保持现存的良好生态环境,改善原有的不良生态环境。提倡将先进的生态技术运用到环境景观的塑造中去,利于人类的可持续发展。

(4)坚持地域性原则

应体现所在地域的自然环境特征,因地制宜地创造出具有时代特点和地域特征的空间环境,避免盲目移植。

(5)坚持历史性原则

要尊重历史,保护和利用历史性景观,对于历史保护地区的居住区景观设计,更要注重整体的协调统一,做到保留在先,改造在后。

(三)规划设计过程

为了创造出具有高品质和丰富美学内涵的居住区景观,在进行居住区环境景观设计时,软、硬质景观要注意美学风格和文化内涵的统一。值得指出的是,在具体的设计过程中,景观基本上是建筑设计领域的事,又往往由园林绿化的设计师来完成绿化植物的配景,这种模式虽然能发挥专业化的优势,但若沟通不畅就会割裂建筑、景观、园艺的密切关系,带来建筑与景观设计上的不协调,所以应在居住区规划设计之初即对居住区整体风格进行策划与构思,对居住区的环境景观作专题研究,提出景观的概

念规划,这样从一开始就把握住硬质景观的设计要点。在具体的设计过程之中,景观设计师、建筑工程师、开发商要经常进行沟通和协调,使景观设计的风格能融化在居住区整体设计之中。因此景观设计应是发展商、建筑商、景观设计师和城市居民四方互动的过程。

此外,居住区景观的设计包括对基地自然状况的研究和利用,对空间关系的处理和发挥,与居住区整体风格的融合和协调,包括道路的布置、水景的组织、路面的铺砌、照明设计、小品的设计、公共设施的处理等,这些方面既有功能意义,又涉及视觉和心理感受。在进行景观设计时,应注意整体性、实用性、艺术性、趣味性的结合。具体体现在以下几个方面。

(1)空间组织立意

景观设计必须呼应居住区整体风格,硬质景观要同绿化等软质景观相协调。不同居住区设计风格将产生不同的景观配置效果,现代风格的住宅适宜采用现代景观造园手法,地方风格的住宅则适宜体现具有地方特色和历史文化的造园思路和手法。当然,城市设计和园林设计的一般规律诸如对景、轴线、节点、路径、视觉走廊、空间的开合等,都是通用的。同时,景观设计要根据空间的开放度和私密性组织空间。

(2)体现地方特征

景观设计要充分体现地方特征和基地的自然特色。我国幅员辽阔,自然区域和文化地域的特征相去甚远,居住区景观设计要把握这些特点,营造出富有地方特色的环境。同时居住区景观应充分利用区内的地形地貌特点,塑造出富有创意和个性的景观空间。

(3)使用现代材料

材料的选用是居住区景观设计的重要内容,应尽量使用当地较为常见的材料,体现当地的自然特色。在材料的使用上有几种趋势:①非标制成品材料的使用;②复合材料的使用;③特殊材料的使用,如玻璃、荧光漆、PVC材料;④注意发挥材料的特性和本色;⑤重视色彩的表现;⑥DIY(Do It

Yourself)材料的使用,如可组合的儿童游戏材料等。当然,特定地段的需要和业主的需求也是应该考虑的因素。环境景观的设计还必须注意运行维护的方便。常出现这种情况,一个好的设计在建成后因维护不方便而逐渐遭到破坏,因此,设计中要考虑维护的方便易行,才能保证高品质的环境历久弥新。

三、居住区景观设计的内容

居住区环境景观设计中景观设计分类是依居住区的居住功能特点和环境景观的组成元素而划分的,不同于狭义的"园林绿化",是以景观来塑造人的交往空间形态,突出了"场所+景观"的设计原则,包含以下内容:道路景观;场所景观;水景景观;构筑物景观、硬质景观;照明景观、绿化种植景观。

居住区景观结构布局:从住区分类上看,住区景观结构布局的方式如表 4-2 所示。

表　4-2

居住区分类	景观空间密度	景 观 布 局	地形及竖向处理
高层居住区	高	采用立体景观和集中景观布局形式。高层居住区的景观布局可适当图案化,既要满足居民在近处观赏的审美要求,又需注重居民在居室中俯瞰时的景观艺术效果	通过多层次的地形塑造来增强绿视率
多层居住区	中	采用相对集中、多层次的景观布局形式,保证集中景观空间合理的服务半径,尽可能满足不同的年龄结构、不同心理取向的居民的群体景观需求,具体布局手法可根据居住区规模及现状条件灵活多样,不拘一格,以营造出有自身特色的景观空间	因地制宜,结合居住区规模及现状条件适度地形处理
低层居住区	低	采用较分散的景观布局,使居住区景观尽可能接近每户居民,景观的散点布局可集合庭院塑造尺度适于人的半围合景观	地形塑造不宜多大,以不影响低层住户的景观视野又可满足其私密度要求为宜
综合居住区	不确定	宜根据居住区总体规划及建筑形式选用合理的布局形式	适度地形处理

1. 道路景观

道路作为车辆和人员的汇流途径,具有明确的导向性,道路两侧的环境景观应符合导向要求,并达到步移景移的视觉效果。道路旁的绿化种植及路面质地色彩的选择应具有韵律感和观赏性。

在满足交通需求的同时,道路可形成重要的视线走廊,因此,要注意道路的对景和远景设计,以强化视线集中的观景。

休闲性人行道、园道两侧的绿化种植,要尽可能形成绿荫带,并串联花台、亭廊、水景、游乐场等,形成休闲空间的有序展开,增强环境景观的层次,如图 4-50 和图 4-51 所示。

居住区内的消防车道、人行道、院内车行道合并使用时,可设计成隐蔽式车道,即在 4m 幅宽的消防车道内种植不妨碍消防车通行的草坪花卉,铺设人行步道,平日作为绿地使用,应急时供消防车使用,有效地弱化了单纯消防车道的生硬感,提高了环境和景观效果。

2. 场所景观

(1) 健身运动场

居住小区的运动场所分为专用运动场和一般的健身运动场,小区的专用运动场多指网球场、羽毛球场、门球场和室内外游泳场,这些运动场应按其技术要求由专业人员进行设计。健身运动场应分散在住区方便居民就近

⊕ 图　4-50

⊕ 图　4-51

使用又不扰民的区域,不允许有机动车和非机动车穿越运动场地。

健身运动场包括运动区和休息区。运动区应保证有良好的日照和通风,地面宜选用平整防滑适于运动的铺装材料,同时满足易清洗、耐磨、耐腐蚀的要求。室外健身器材要考虑老年人的使用特点,要采取防跌倒措施。休息区布置在运动区周围,供健身运动的居民休息和存放物品。休息区宜种植遮阳乔木,并设置适量的坐椅。有条件的小区可设置直饮水装置(饮泉)。

(2)休闲广场

休闲广场应设于住区的人流集散地(如中心区、主入口处),面积应根据住区规模和规划设计要求确定,形式宜结合地方特色和建筑风格考虑。广场上

应保证大部分面积有日照和遮风条件。

广场周边宜种植适量庭荫树和休息坐椅,为居民提供休息、活动、交往的设施,在不干扰邻近居民休息的前提下保证适度的灯光照度。

广场铺装以硬质材料为主,形式及色彩搭配应具有一定的图案感,不宜采用无防滑措施的光面石材、地砖、玻璃等。广场出入口应符合无障碍设计要求。(见图 4-52)

⊕ 图　4-52

(3)游乐场

儿童游乐场应该在景观绿地中划出固定的区域,一般均为开敞式。游乐场地必须阳光充足、空气清新,能避开强风的袭扰。应与住区的主要交通道路相隔一定距离,减少汽车噪声的影响并保障儿童的安全。游乐场的选址还应充分考虑儿童活动产生的嘈杂声对附近居民的影响,以离开居民窗户 10m 远为宜。

儿童游乐场周围不宜种植遮挡视线的树木,应保持较好的可通视性,便于成人对儿童进行目光监护。儿童游乐场设施的选择应能吸引和调动儿童参与游戏的热情,兼顾实用性与美观。色彩可鲜艳但应与周围环境相协调。游戏器械选择和设计应尺度适宜,避免儿童被器械划伤或从高处跌落,可设置保护栏、柔软地垫、警示牌等。居住区中心较具规模的游乐场附近还应为儿童提供饮用水和游戏水,便于儿童饮用、冲洗和进行筑沙游戏等。儿童游乐设施有:沙坑、滑梯、秋千、攀登架、跷跷板、游戏墙、滑板场、迷宫等。(见图 4-53)

⊕ 图　4-55

在泳池设计方面，居住区泳池设计必须符合游泳池设计的相关规定。泳池平面不宜做成正规比赛用池，池边尽可能采用优美的曲线，以加强水的动感，如图 4-56 所示。泳池根据功能需要尽可能分为儿童泳池和成人泳池，儿童泳池深度为 0.6～0.9m 为宜，成人泳池深度为 1.2～2m。儿童池与成人池可统一设计，一般将儿童池放在较高位置，水经阶梯式或斜坡式跌水流入成人泳池，既保证了安全又可丰富泳池的造型。池岸必须作圆角处理，铺设软质渗水地面或防滑地砖。泳池周围多种灌木和乔木，并提供休息和遮阳设施，有条件的小区可设计更衣室和供野餐的设备及区域。

⊕ 图　4-56

4．构筑物景观

构筑物景观是居民户外活动的集散点，既有开放性，又有遮蔽性，主要包括亭、廊、棚架、膜结构、景观桥、木栈道等，如图 4-57 和图 4-58 所示。

⊕ 图　4-53

3．水景景观

水景包括：瀑布跌水、溪流、生态水池、涉水池、装饰水景、泳池水景、喷泉。这些水景的造型设计与大小可依据平面规划图来定义。

水景景观以水为主，水景设计应结合场地气候、地形及水源条件。南方干热地区应尽可能为居住区居民提供亲水环境；北方地区在设计不结冰期的水景时，还必须考虑结冰期的枯水景观。对居住区中的沿水驳岸（池岸），无论规模大小，无论是规则几何式驳岸还是不规则驳岸，驳岸的高度、水的深浅设计都应满足人的亲水性要求，驳岸尽可能贴近水面，以人手能触摸到水为最佳。亲水环境中的其他设施（如水上平台、汀步、栈桥、栏索等），也应以人与水体的尺度关系为基准进行设计。（见图 4-54 和图 4-55）

⊕ 图　4-54

🔼 图 4-57

🔼 图 4-58

度；混凝土预制块挡土墙应设计出图案效果；嵌草皮的坡面上需铺上一定厚度的种植土，并加入改善土壤保温性的材料，利于根系的生长。

🔼 图 4-59

5. 硬质景观

硬质景观是相对种植绿化这类软质景观而确定的名称，泛指用质地较硬的材料组成的景观，主要包括雕塑小品、挡土墙、坡道、台阶、围墙/栅栏便民设施等。雕塑小品与周围环境共同塑造出一个完整的视觉形象，同时赋予景观空间环境以特色和主题，通常以其小巧的格局、精美的造型来点缀空间，使空间诱人而富于意境，从而提高整体环境景观的艺术境界。

常见挡土墙技术要求及适用场地：挡土墙必须设置排水孔，一般每 3m 设一个直径 75mm 的排水孔，墙内宜敷设渗水管，防止墙体内存水。钢筋混凝土挡土墙必须设伸缩缝，配筋墙体每 30m 设一道，无筋墙体每 10m 设一道。

（3）台阶

台阶在园林设计中起到不同高低之间的连接作用和引导视线的作用，可丰富空间的层次感，尤其是高差较大的台阶会形成不同的近景和远景的效果，如图 4-60 所示。

（1）雕塑

在设计时应配合住区内建筑、道路、绿化及其他公共服务设施而设置，起到点缀、装饰和丰富景观的作用，以贴近人的需要为原则，切忌尺度超长过大。

（2）挡土墙

挡土墙的形式根据建设用地的实际情况并经过结构设计确定。从结构形式分主要有重力式、半重力式、悬臂式和扶臂式挡土墙，从形态上分有直墙式和坡面式。挡土墙的外观质感由用材确定，直接影响到挡土墙的景观效果。如图 4-59 所示，毛石和条石砌筑的挡土墙要注重砌缝的交错排列方式和宽

🔼 图 4-60

台阶的踏步高度（h）和宽度（b）是决定台阶舒适性的主要参数，两者的关系如下：$2h+b=(60-6)$ cm。一般室外踏步高度设计为 12～16cm，踏步宽度为 30～35cm，低于 10cm 的高差，不宜设置台阶，可以考虑做成坡道。台阶长度超过 3m 或需改变攀登方向的地方，应在中间设置休息平台，平台宽度应大于 1.2m，台阶坡度一般控制在 1/4～1/7 范围内，踏面应做防滑处理，并保持 1% 的排水坡度。为了方便晚间人们行走，台阶附近应设照明装置，人员集中的场所可在台阶踏步上暗装地灯。过水台阶和跌流台阶的阶高可依据水流效果确定，同时也要考虑儿童进入时的防滑处理。

（4）坡道

坡道是交通和绿化系统中重要的设计元素之一，如图 4-61 所示，直接影响到使用和感观效果。居住区道路最大纵坡不应大于 8%；园路不应大于 4%；自行车专用道路最大纵坡控制在 5% 以内；轮椅坡道一般为 6%，最大不超过 8.5%，并采用防滑路面；人行道纵坡不宜大于 2.5%。园路、人行道坡道宽一般为 1.2m，但考虑到轮椅的通行，可设定为 1.5m 以上，有轮椅交错的地方其宽度应达到 1.8m。

➕ 图　4-61

居住区便民设施包括音响设施、自行车架、饮水器、垃圾容器、坐椅（具），以及书报亭、公用电话、信息标志、栏杆/扶手、围栏/栅栏、邮政信报箱等。便民设施应容易辨认，其选址应注意减少混

乱且方便易达。在居住区内，宜将多种便民设施组合为一个较大单体，以节省户外空间和增强场所的视景特征。

6．照明景观

居住区室外景观照明的目的主要有 4 个方面。

（1）增强对物体的辨别性。

（2）提高夜间出行的安全度。

（3）保证居民晚间活动的正常开展。

（4）营造环境氛围。

照明作为景观素材进行设计，既要符合夜间使用功能，又要考虑白天的造景效果，必须设计或选择造型优美别致的灯具，使之成为一道亮丽的风景线。

照明分类及适用场所：车行照明、人行照明、装饰照明、安全照明、特写照明这 5 类。

7．绿化种植景观

1）植物配置原则

（1）适应绿化的功能要求，适应所在地区的气候、土壤条件和自然植被分布特点，选择抗病虫害强、易养护管理的植物，体现良好的生态环境和地域特点。

（2）充分发挥植物的各种功能和观赏特点，合理配置，常绿与落叶、速生与慢生相结合，构成多层次的复合生态结构，达到人工配置的植物群落自然和谐。

（3）植物品种的选择要在统一的基调上力求丰富多样。

（4）要注重种植位置的选择，以免影响室内的采光通风和其他设施的管理维护。

适用居住区种植的植物分为六类：乔木、灌木、藤本植物、草本植物、花卉及竹类。植物配置按形式分为规则式和自由式，配置组合基本有如下几种：孤植、对植、丛植、树群、草坪。

2）植物组合的空间效果

植物作为三维空间的实体，以各种方式交互形成多种空间效果，植物的高度和密度影响空间的塑造。（见表 4-3）

表 4-3

植 物 分 类	植物高度/cm	空 间 效 果
花卉、草坪	13～15	能覆盖地表,美化开敞空间,在平面暗示空间
灌木、花卉	40～45	产生引导效果,界定空间范围
灌木、竹类、藤本类	90～100	产生屏障功能,改变暗示空间的边缘,限定交通流线
乔木、灌木、藤本类、竹类	135～140	分隔空间,形成连续完整的围合空间
乔木、藤本类	高于人水平视线	产生较强的视线引导作用,可形成较私密的交往空间
乔木、藤本类	高大树冠	形成顶面的封闭空间,具有遮蔽功能,并改变天际线的轮廓

3）常见绿化树种分类

（1）常绿针叶树

① 乔木类：雪松、红松、黑松、龙柏、马尾松、桧柏、苏铁、南洋杉、柳杉、香榧。

② 灌木类：（罗汉松）、千头柏、翠柏、匍地柏、日本柳杉、五针松。

（2）落叶针叶树（乔木类）

水杉、金钱松、池杉、落羽杉。

（3）常绿阔叶树

① 乔木类：香樟、广玉兰、女贞、棕榈。

② 灌木类：珊瑚树、大叶黄杨、瓜子黄杨、雀舌黄杨、枸骨、橘树、石楠、海桐、桂花、夹竹桃、黄馨、迎春、撒金珊瑚、南天竹、六月雪、小叶女贞、八角金盘、栀子、蚊母、山茶、金丝桃、杜鹃、丝兰（波罗花、剑麻）、苏铁（铁树）、十大功劳。

（4）落叶阔叶树

① 乔木类：垂柳、直柳、枫杨、龙爪柳、乌桕、槐树、青桐（中国梧桐）、悬铃木（法国梧桐）、槐树（国槐）、盘槐、合欢、银杏、楝树（苦楝）、梓树。

② 灌木类：樱花、白玉兰、桃花、腊梅、紫薇、紫荆、戚树、青枫、红叶李、贴梗海棠、钟吊海棠、八仙花、麻叶绣球、金钟花（黄金条）、木芙蓉、木槿（槿树）、山麻秆（桂园树）、石榴。

（5）竹类

慈孝竹、刚竹、毛竹、紫竹、观音竹、凤尾竹、佛肚竹、黄金镶碧玉竹。

（6）藤本

紫藤、络实、地锦（爬山虎、爬墙虎）、常春藤、葡萄藤、扶芳藤。

（7）花卉

太阳花、长生菊、一串红、美人蕉、五色苋、甘蓝（球菜花）、菊花、兰花。

（8）草坪

天鹅绒草、结缕草、麦冬草、四季青草、高羊茅、马尼拉草、三叶草、马蹄瑾。

四、案例展示

（一）售楼部景观设计

1．项目概况

本案地处马鞍山市东区地块,北靠湖北东路,西临东江大道。人气旺盛,交通便捷,是居家置业的好地方。建筑风格沉稳大气,有英式古典美感。本案景观由国伟建设设计有限公司设计,设计力图烘托建筑内在气质并提升社区的尊贵品质,让建筑与景观有机融合,共同构建整体空间形态。方案设计功能合理、环境宜人、人文特色和谐。

2．整体的设计理念

遵循"前庭后院"的原则,外区具有华美的欧陆古典风格,设计得简约大气;内区相对幽静安详,以亲水性的咖啡茶座的休闲木平台,结合大面积的绿地、灌木丛为主。充分考虑了销售流程和顾客的心理,增设建筑景观过渡空间,室外洽谈区延展了室内空间,成为内外交流的亮点,使参观者感觉舒适,如图 4-62 所示。

3．案例分析

接下来是本案例的介绍,我们将从设计一套文本的内容来分析该方案,分以下几个方面。

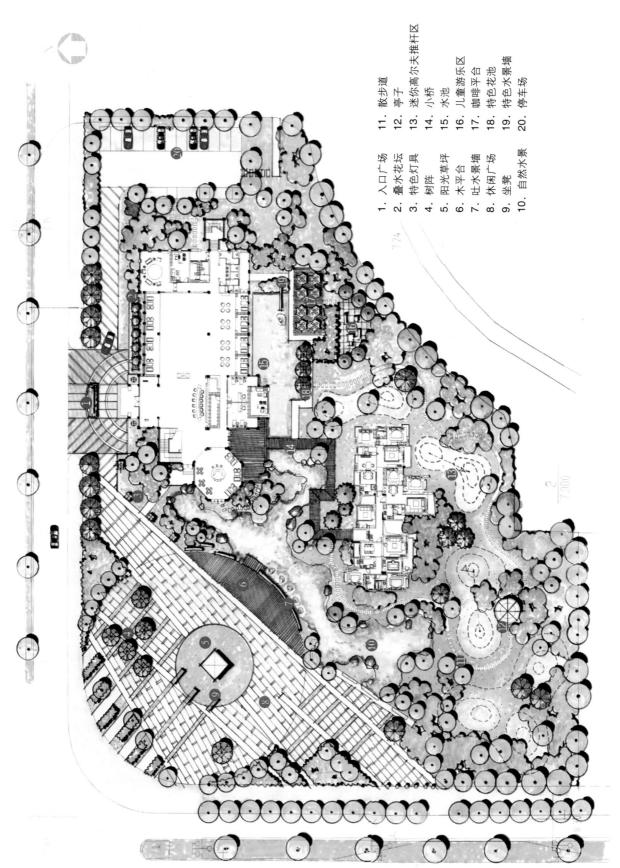

1. 入口广场 11. 散步道
2. 叠水花坛 12. 亭子
3. 特色灯具 13. 迷你高尔夫推杆区
4. 树阵   14. 小桥
5. 阳光草坪 15. 水池
6. 木平台   16. 儿童游乐区
7. 吐水景墙 17. 咖啡平台
8. 休闲广场 18. 特色花池
9. 坐凳   19. 特色水景墙
10. 自然水景 20. 停车场

图 4-62

（1）区域设计分析：以入口形象区为开放空间,参观花园区为私密空间,中心景观区为开放空间,主要停车区为公共空间进行规划,共分为 4 个空间进行区域设计。从图中可以看出入口设计得简洁大气,主要以硬质铺装为主,入口休闲广场以钟塔为至高中心点,也是人流的集散场所,与旁边的景观流水墙形成很好视觉交流;参观花园区为整个售楼部的绿色景观中心点,绿化面积较大,内有高尔夫运动场所,为顾客提供很好的运动休闲场地;面积比较小的中心景观区,是衔接入口广场与花园区的景观带;停车区域位于从北大门进入向左拐,视线清晰,方便停车。（见图 4-63）

（2）景观轴线节点分析：即在区域设计的基础之上进行的视线分析,导向性非常明确,分前庭轴线与后院轴线,前庭轴线（以红色虚线表示）是入口广场的主入口与次入口方向的视线;后院轴线（以橙色虚线表现）分布在花园区,呈弧线形。节点分别以三种色块表示,有前庭节点（以蓝色块表现）、后院节点（以黄色块表现）、中心景观节点（以紫色块表现）。（见图 4-64）

（3）主要的交通路线分析（见图 4-65）：车辆入口在北面的主入口处,以蓝色虚线表示行车的路线;人行入口路线以红色虚线表现,有 3 个地方,方便人流通行;另外在图中人行的参观路线以蓝色虚线表现,位于私密空间的花园区。

（4）景观视线分析：景观视线是将园区主要景观节点标示出来,景观视线分析突出以观赏的角度并标注景点的位置。（见图 4-66）

（5）剖面图的分析,从中我们可以看出本小区售楼处的地形概况,如图 4-67 所示。

一般来说,制作一套简单的方案设计文本应该有以下几方面内容：项目分析、设计说明、总平面图、功能分区图、景观轴线节点分析图、交通路线分析图、乔灌木配置图、夜景灯光布置图、剖立面图、各角度景观的效果图、乔灌木示意图、各类景观示意图等,还要因景观而异。

4．售楼中心的景观设计特点

其一,是入口广场的铺砖分割,既丰富了广场的用材,又增强了导向功能引入售楼部主入口。同建筑风格相一致的矮墙使得视线不会一眼看到后庭院景观,让后庭院景观若隐若现。广场与人行道用绿篱阻隔,在可以让人通行的情况下,阻止了机动车的通行,又能绿意盎然。（见图 4-68）

其二,是亲水区的咖啡平台是本区设计第二大亮点,其对售楼部有很好的补充作用,儿童游乐区与咖啡区用绿化阻隔,通过汀步连接,既方便家长照顾,又不影响销售人员与客户的交谈。有意识设计出一个宛似小岛的景观,临室内咖啡吧,让咖啡区的情调更加自然、又形成一个对面广场看过来的对景效果。（见图 4-69）

其三,用一条自然的溪流来分隔前区与后区,在水景及有层次的绿化上,吸引人们前往参观的欲望,人们走在休闲的散步道上,对销售人员控制销售节奏提供了方便。

其四,植物配置强调植被的层次感及多元化,通过合理搭配乔灌木、地被植物,同时根据配置的疏密关系形成开放与闭合的空间对比,力求创造丰富多彩的绿化空间。（见图 4-70）

（二）九江长盛锦江景观设计方案

1．项目概况

长盛·锦江,扼守江西省九江市北大门,人文地理环境优越,交通便捷,北临长江,坐拥 1 万平方米江滨生态公园,南望匡庐,欣赏名山景秀;东邻九江长江大桥,同时与白水湖公园、国际会展中心相对;西面为浔阳楼、锁江楼等九江著名历史古迹。坐拥"一江、一湖、一山、一亭、两楼",人文风光与景观资源丰富。（见图 4-71 ～图 4-75）

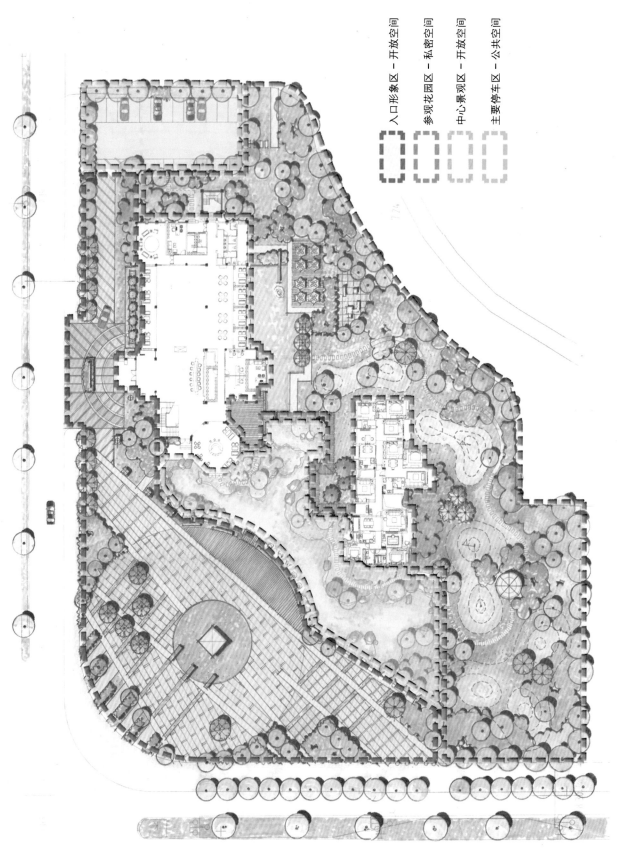

入口形象区 – 开放空间
参观花园区 – 私密空间
中心景观区 – 开放空间
主要停车区 – 公共空间

图 4-63

图 4-64

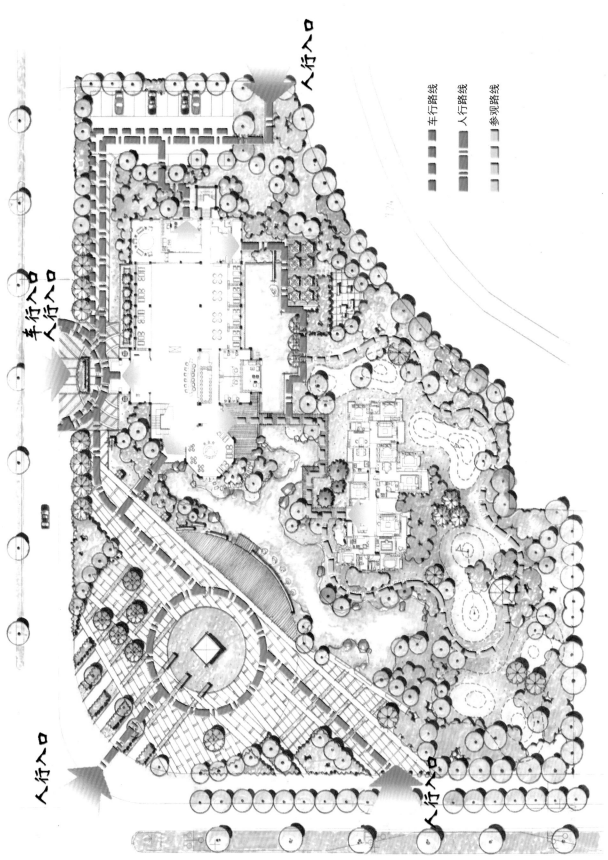

人行入口

人行入口

车行入口
人行入口

人行入口

人行入口

人行入口

车行路线
人行路线
参观路线

● 图 4-65

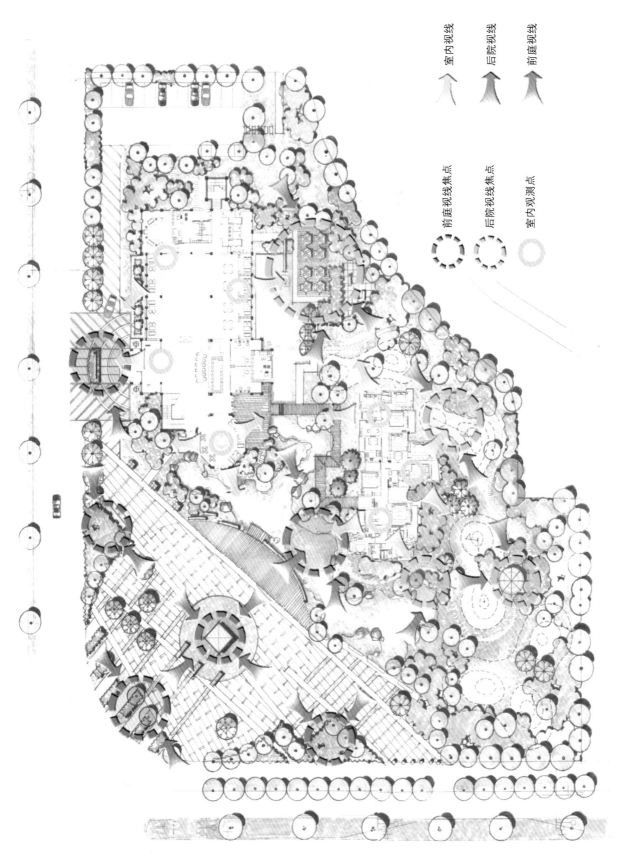

室内视线

后院视线

前庭视线

前庭视线焦点

后院视线焦点

室内观测点

图 4-66

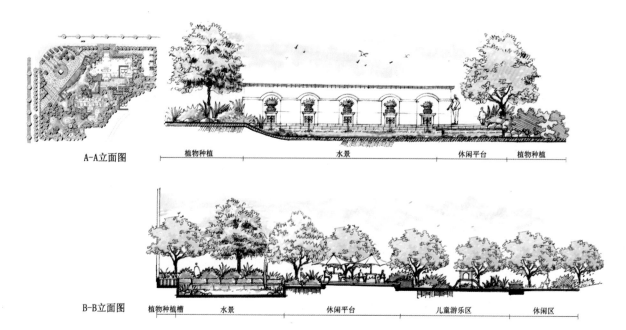

A-A立面图　　植物种植　　　　　水景　　　　休闲平台　植物种植

B-B立面图　植物种植槽　　水景　　　　休闲平台　　　儿童游乐区　　休闲区

⬆ 图　4-67

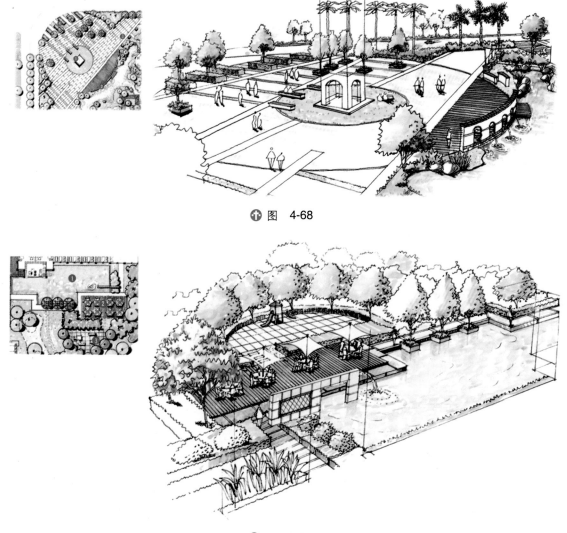

⬆ 图　4-68

⬆ 图　4-69

香樟　马褂木　日本晚樱　广玉兰　垂柳　白玉兰　慈孝竹

紫薇　银杏　枫香　红枫　银海枣

（a）乔木

杜鹃　红瑞木　海桐　迎春　十大功劳　红叶石楠

冷季型草坪　千屈菜　沿阶草　金叶女贞　萱草　金丝桃

（b）灌木

图 4-70

　　该项目位于九江市浔阳区滨江路与长虹北路交汇处,总建筑面积约 94000m², 由三栋 18 ～ 32 层高层豪宅围合而成,周边环境优越。本案由时代园林景观设计工程有限公司设计,以前瞻性的规划理念,将现代建筑融入长江地域文脉,融合周边江山、湖水、生态绿地等优越景观,缔造九江首席 360° 全景观人文豪宅。

　　从本案的建筑来看有明显的经纬结构,因此,设计建筑周边的景观不是独立体,本案中的景观架构来源于建筑本身的规划结构,景观的布局是规划的延续与建筑布局相协调。从本案中我们可以学习到建筑与环境的设计是合为一体的,不能独立思考,如图 4-76 所示。

　　如图 4-77 所示是该小区的平面设计图。

2．本小区功能分析与景观轴线图

　　本小区共分为:商业活动区、楼间景观区、架空层景观区。以小区入口与地下车库入口为主要进出口。从图 4-78 中可以看出它们大体的位置与占有的面积。楼层之间的间隔较大,便于楼间景观区的采光与通风,规划了商业型的高档住宅,层次分明,导向性明确,体现了休闲、购物、娱乐为一体。

　　景观轴线呈 L 形,见图 4-79,大体依据建筑外延线造型进行相协调,并且与主要的进出口通道紧密相连接;景观节点处是人们休闲、驻留之地,同时也是本小区的景观特色。其中景观节点有:锦绣广场、书简长廊、绿野仙踪、健康乐年等景观节点,让人们全方位感受到小区特有的自然和人文气息。

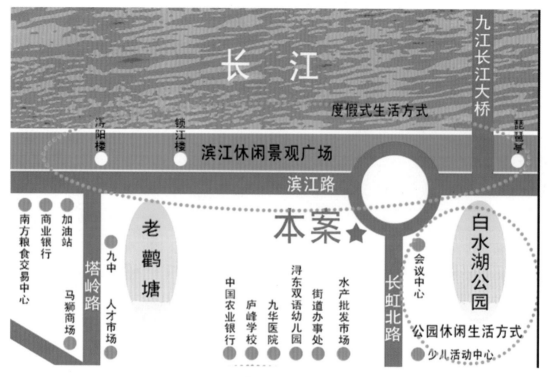

图 4-71

滨江路

图 4-72

长虹北路

图 4-73

九江长江大桥

图 4-74

浔阳楼

图 4-75

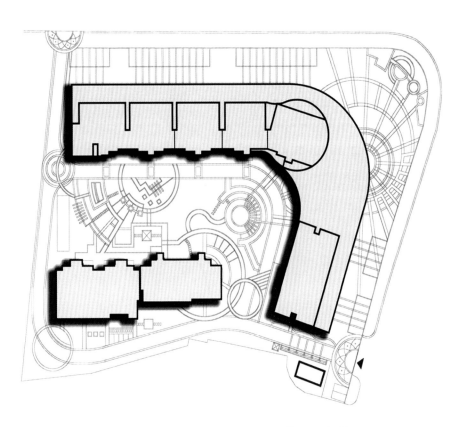

✚ 图　4-76

1. 美堤垂荫
2. 活力广场
3. 童趣天地
4. 锦绣广场
5. 书简长廊
6. 绿野仙踪
7. 康乐延年
8. 泛会所
9. 艺术花坛
10. 紫烟亭
11. 芬芳广场
12. 林间花舞
13. 灵湖泛波
14. 休闲广场
15. 圣贤雅韵
16. 翠堤迎风
17. 曲风书韵
18. 商业街广场

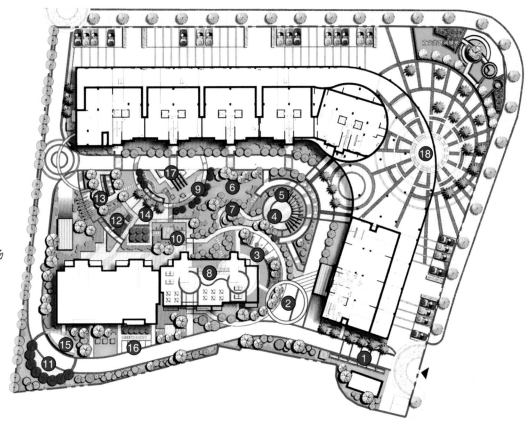

✚ 图　4-77

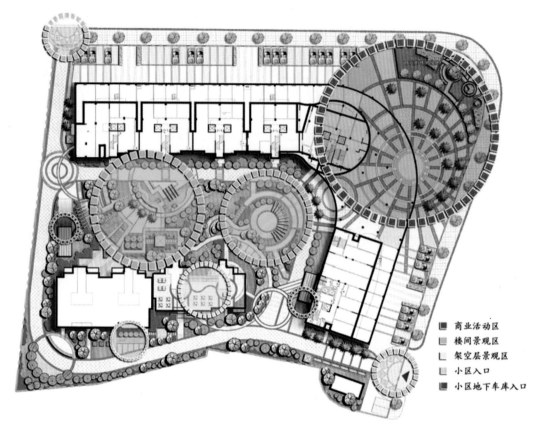

商业活动区
楼间景观区
架空层景观区
小区入口
小区地下车库入口

⊕ 图 4-78

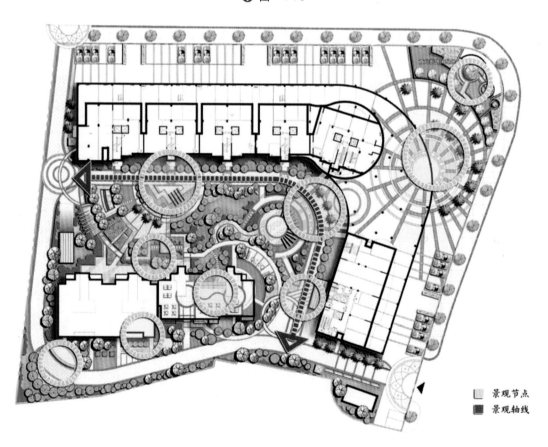

景观节点
景观轴线

⊕ 图 4-79

3．本方案的景观特色

本方案的景观特色见图4-80和图4-81。

聚：在入口的铺装处理上，对行人视觉产生集聚的感觉；并在入口设计特色水景、树池，产生一定的亲和力，形成欢迎拥抱的姿态。

引：小区内外铺装造景应用协调的"圆"的元素进行衔接，起了很好的引导作用。

显：中心的特色水景，并配以植物背景，吸引人们的视线，让人体会"水源涌现"的意味。在东西两侧设有景墙、竹篱的配置，弱化地下车库生硬的感觉，同时避免人们在游玩时的视觉疲劳。其中融入了江南文化，并加入现代的设计构思，让观赏者真正感受到水的活力。

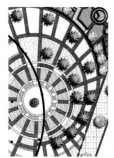

图　4-80

图　4-81

4．本小区的效果图

本小区的效果图见图4-82～图4-86。

（三）深圳·宏大海景名苑

1．项目概况

该项目西面为商业区，园内景观有部分在架空层内。园内设计层次丰富，共分主入口区、乐园区、休闲会所区、雕塑广场。（见图4-87）

◆ 图　4-82

◆ 图　4-83

⊕ 图 4-84

⊕ 图 4-85

⚑ 图 4-86

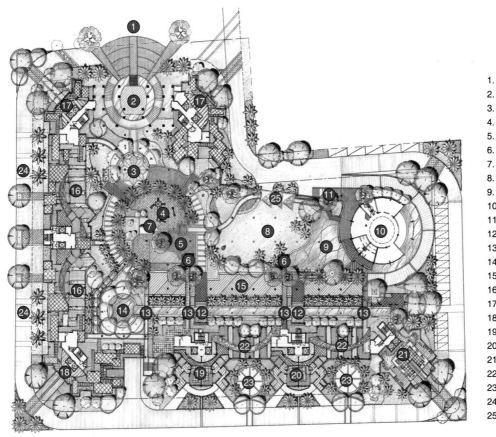

N

1. 主入口
2. 水吧
3. 雕塑广场
4. 儿童乐园
5. 老年活动场
6. 木亭
7. 钟塔
8. 阳光草坪
9. 游泳池
10. 会所
11. 坝入口水墙
12. 水渠
13. 木桥
14. 水景雕塑
15. 消防通道特色铺地
16. 棋牌小径
17. 休闲区
18. 咖啡座
19. 阅览区
20. 展览区
21. 儿童乐园
22. 足底按摩径
23. 雕塑广场
24. 商业街
25. 拉膜结构

⚑ 图 4-87

2．功能区域分析

主入口区在北面呈扇形,主要由黄锈石铺贴,衔接环形水吧,通过木平台连接人行通道。其左右两侧均有一个入户平台,周边种植绿篱与乔灌木。主入口区前面便是乐园区,内分儿童乐园与老人活动场所,以硬质铺装为主,内部摆放许多娱乐设施。在其左侧是休闲会所区,周边环绕木平台与水景,用阳光草地将两个园区进行连接。在相隔一条长长的水渠南面便是对称的雕塑广场。从设计手法上来说在主入口、乐园区与雕塑广场处应用了欧式古典的构图元素,很好地结合了休闲会所的自然式布局。(见图4-88)

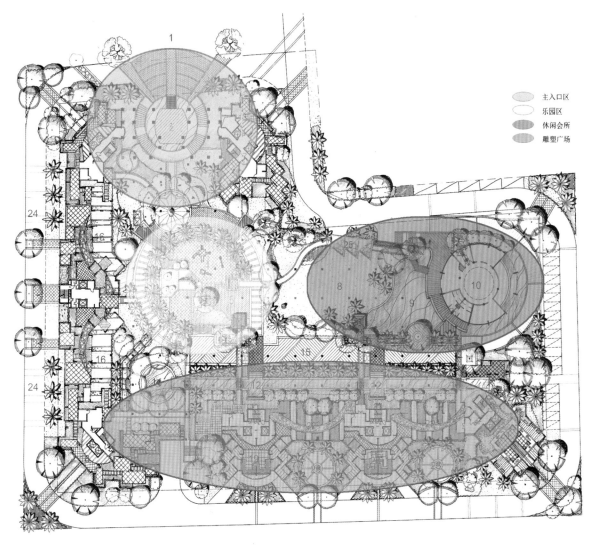

主入口区
乐园区
休闲会所
雕塑广场

图　4-88

3．景观轴线与交通路线分析

景观轴线大体分布在主入口与水渠区域,严谨规整,但不完全对称,其园区内节点景观散布其左右两侧,形成"步移景异"的视觉效果。在交通路线方面紧紧环绕园区内景观进行设计,有足够大的停车场可供使用。(见图4-89、图4-90)

4．本小区的景观效果图

本小区的景观效果图见图4-91～图4-94。

—— 主景观轴

✳ 景观焦点

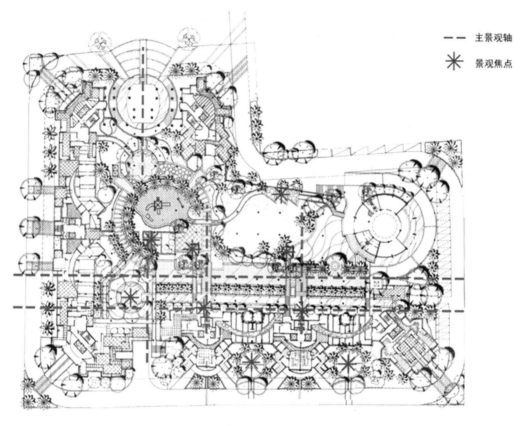

✢ 图 4-89

N

—— 人行道
━━ 消防环道

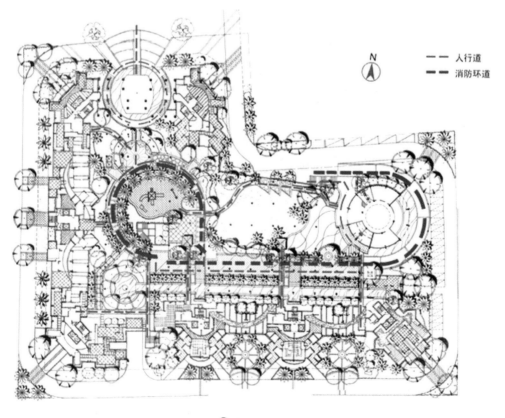

✢ 图 4-90

↑ 图　4-91

↑ 图　4-92

⬆ 图 4-93

⬆ 图 4-94

实训项目：

项目设计——住宅景观设计

要求：

（1）实地考察某小区景观，写一份调查报告。

（2）设计某小区景观，平面方案要有合理的构思及构图。

（3）按一定的比例绘制出剖面图、扩初图及效果图。

（4）设计完成后将调查报告与设计本小区景观方案的设计构思、设计方法、设计风格、过程与步骤的图例与文字编写入实训报告书中。

附　录

附录 1　小区常用植物

1. 乔木

樟树	桃花心木	黄花槐	榕树
盆架子	小叶榕	梓树	栾树
龙爪槐	小叶榄仁	台湾相思树	文冠果树
垂柳	澳洲鸭脚木	菩提树	花叶垂榕

番石榴树	荔枝树	龙眼树	芒果树
枇杷树	蒲桃	石榴树	大王椰子树
华盛顿棕榈	加拿利海枣	假槟榔	南洋杉
印度橡皮树	鱼尾葵	白玉兰	碧桃
刺槐	灯台树	凤凰木	广玉兰
桂花	合欢	红千层	火焰树

鸡蛋花　　　　　　　鸡冠刺桐　　　　　　　腊梅　　　　　　　　　木棉

羊蹄甲　　　　　　　　樱花　　　　　　　　　紫玉兰　　　　　　　　白千层

红枫树　　　　　　　黄花风铃木　　　　　　　银杏　　　　　　　　　白桦

2．灌 木

芭蕉　　　　　　　　旅人蕉　　　　　　　　散尾葵　　　　　　　　棕竹

八角金盘　　　　　　　变叶木　　　　　　　　冬青　　　　　　　　福建茶

瓜子黄杨　　　　　　　海桐　　　　　　　　　红背桂　　　　　　　　红桑

花叶鹅掌柴	花叶艳山姜	黄金榕	金脉爵床
金叶女贞	九里香	米兰	南天竹
软叶刺葵	洒金珊瑚	十大功劳	朱蕉
白纸扇	茶梅	翠芦莉	大花水桠木
非洲茉莉	扶桑	鹤望兰	红花继木
红绒球	花叶假连翘	黄婵	黄刺梅

黄虾花	夹竹桃	金丝桃	龙船花
马缨丹	毛杜鹃	毛果绣线菊	琴叶珊瑚
双荚槐	天目琼花	希茉莉	一品红
鸳鸯茉莉	珍珠梅	栀子	紫丁香
紫薇	月季	海棠	迎春

3．地被植物

巴西花生腾	白车轴草	花叶冷水花	黑心菊

高羊茅	结缕草	马尼拉草	马蹄瑾
沿街草	细叶萼距花	红龙草	春羽
龙舌兰	苏铁	万年麻	龟背竹
一叶兰	紫叶小檗	麦冬	肾蕨
水鬼蕉	大苞萱草	二月兰	红掌
金山绣线菊	三色堇	马兰	美女樱

万寿菊	南美蟛蜞菊	长春花	紫萼
一串红	美人蕉	矢车菊	虞美人

4．藤本植物

紫藤	使君子	三角梅	大花老鸭嘴
爬山虎	西番莲	炮仗花	金银花
凌霄花	茑萝	地锦	山葡萄
长春藤	铁线莲	五味子	扶芳藤

5．水生植物

| 旱伞草 | 花叶芦竹 | 石菖蒲 | 千屈菜 |
| 荷花 | 睡莲 | 王莲 | 鸢尾草 |

附录2 推荐书目和网站

推荐书目：

[1] 吴立威，易军．中外园林史 [M]．北京：机械工业出版社，2008．

[2] 王向荣．西方现代景观设计的理论与实践 [J]．北京：中国建筑工业，2007（12）．

[3] 约翰·西蒙兹．景观设计学 [M]．俞孔坚，译．北京：中国建筑工业出版社，2001．

[4] 王晓俊．风景园林设计 [M]．南京：江苏科学技术出版社，2001．

[5]《景观设计》、《中国园林》、《园冶》等杂志．

网站：

[1] ABBS 建筑论坛：http://www.abbs.com.cn.

[2] 景观中国：http://www.landscape.cn.

[3] 土人设计网：http://www.turenscape.com.

[4] 中国景观网：http://www.cila.cn.

参 考 文 献

[1] 李方联. 景观设计 [M]. 长沙：中南大学出版社，2009.

[2] 叶徐夫,刘金燕,施淑彬. 居住区景观设计全流程 [M]. 北京：中国林业出版社，2012.

[3] 舒湘鄂. 景观设计 [M]. 上海：东华大学出版社，2008.

[4] 冯炜,李开然. 现代景观设计教程 [M]. 杭州：中国美术学院出版社，2010.

[5] 林家阳. 景观规划设计与实训 [M]. 上海：东方出版中心，2008.

[6] 顾馥保. 现代景观设计学 [M]. 武汉：华中科技大学出版社，2010.